Elektroarbeiten
planen und ausführen

Schritt für Schritt wird alles erklärt...

Elektroarbeiten
planen und ausführen

Schritt für Schritt wird alles erklärt...

eccomedia

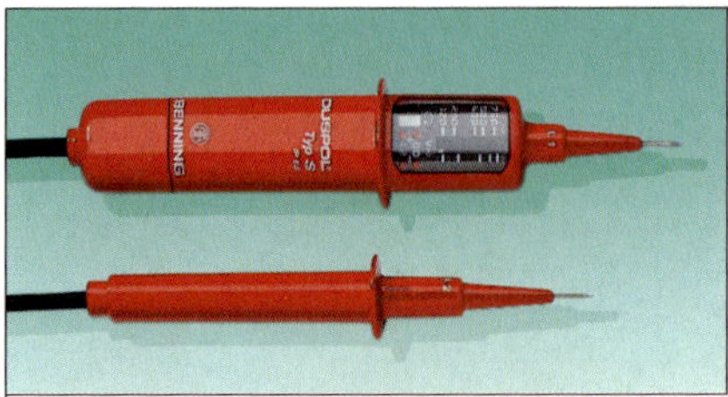

6 Basiswissen und Werkzeugkunde

18 Materialkunde Elektroinstallation

24 Die Planung von Elektroinstallationen

40 Die Praxis der Elektroinstallation

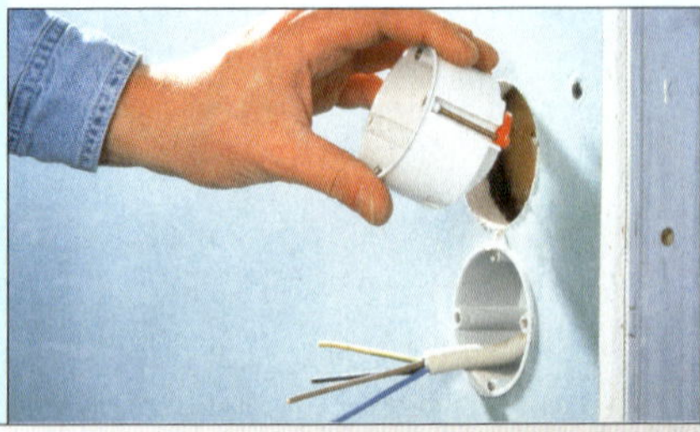

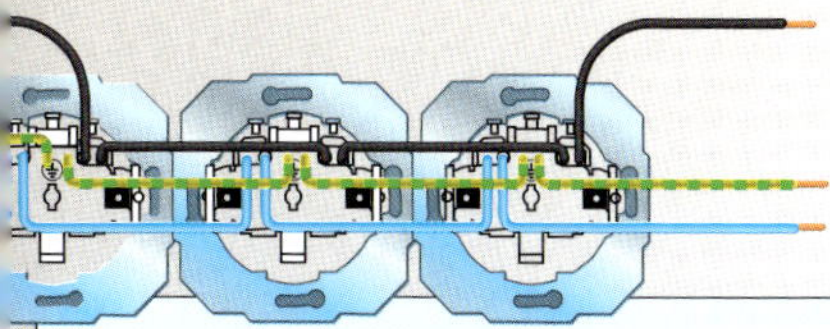

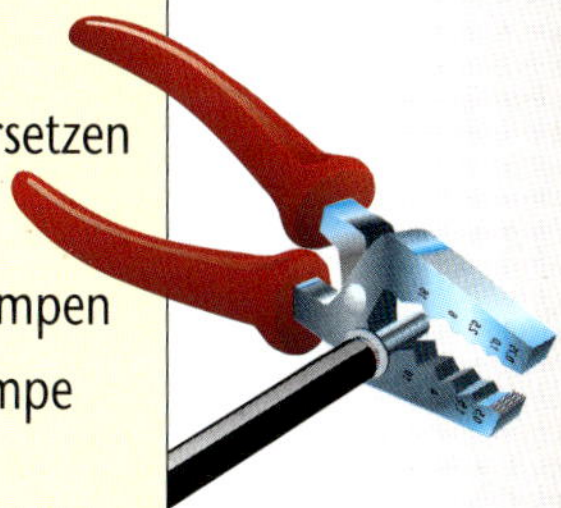

Basiswissen und Werkzeugkunde

Immer mehr Heimwerker wollen auch Elektroarbeiten selbst machen. Dazu braucht man Grundlagenwissen und muss die notwendigen Sicherheitsregeln beachten

Was ist eigentlich der so genannte elektrische Strom?

Die Elektrizität, meist als elektrischer Strom bezeichnet, wird in Kraftwerken, teilweise auch durch Windenergie oder Solarzellen gewonnen. In einem europaweiten Verbundnetz gelangt der Strom über Hochspannungsleitungen zu regionalen Trafostationen, wo er dann auf die verbrauchergerechte Spannung heruntertransformiert und schließlich per Erdkabel oder Freileitung in die einzelnen Haushalte geleitet wird.

Spannung von Stromquellen

1,25 Volt	wiederaufladbarer Akku
1,5 Volt	Babyzellen, Mignonzellen
6 Volt	Klingeltransformator
12 Volt	Autobatterie
230 Volt	elektrische Versorgung im Haus
400 Volt	elektrische Heiz- und Küchengeräte

Die wichtigsten Maßeinheiten des elektrischen Stroms

Die Spannung stellt quasi den Druck dar, mit dem der elektrische Strom durch die Leitungen fließt. Das unten dargestellte Wasserfall-Modell macht dies deutlich.

Die Fallhöhe, von der die „Kraft" des herabstürzenden Wassers abhängt, wird in der Elektrotechnik als „Spannung" bezeichnet. Die Maßeinheit für die Spannung ist Volt. Die Tabelle oben zeigt die Spannung verschiedener Stromquellen, mit denen wir im Alltag umgehen.

Als Stromstärke bezeichnet man die Menge des durch eine Leitung innerhalb einer bestimmten Zeit fließenden Stroms. Voraussetzung für den Stromfluss ist, dass ein Verbraucher – z. B. eine Lampe – angeschlossen ist. Strom fließt immer nur in einem geschlossenen Stromkreis.

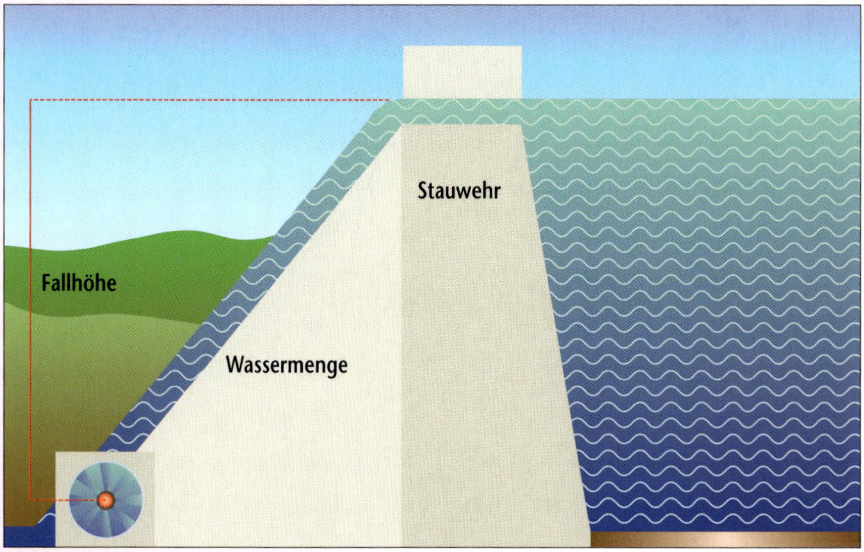

Das Wasserfall-Modell verdeutlicht, was man unter Spannung zu verstehen hat: Sie stellt den „Druck" dar, mit dem der Strom fließt

Im zuvor angeführten Wasserfall-Modell entspricht die Menge Wasser, die durch das Stauwehr gelassen wird, der Stromstärke. Sie wird in der Einheit Ampere gemessen. Beim Wasserfall-Modell kann je nach Öffnung der Rohre viel oder wenig Wasser durchgelassen werden. Dies entspricht beim elektrischen Strom dem so genannten Widerstand, den eine Leitung hat. Dünne Drähte setzen dem Strom mehr Widerstand entgegen als dicke Kabel. Der elektrische Widerstand wird in Ohm gemessen.

Die elektrische Leistung wird bei Verbrauchern wie Lampen oder Elektrowerkzeugen in Watt angegeben. Sie errechnet sich, indem man Spannung (Volt) und Stromstärke (Ampere) miteinander multipliziert. Wenn durch eine Glühbirne, die an unser 230-Volt-Netz angeschlossen ist, genau 1 Ampere Strom fließt, ergibt sich eine elektrische Leistung von 230 Watt.

Die elektrische Energie schließlich, die wir unseren Energieversorgungsunternehmen bezahlen müssen, errechnet sich aus der elektrischen Leistung (Watt) multipliziert mit der Zeit (Stunden). Betreibt man eine Glühlampe mit 100 Watt Leistung 10 Stunden lang, so wird eine elektrische Energie von genau 1000 Watt/h (1KWh) verbraucht. Je nach regionalem Strompreis kostet 1 Kilowatt um die 12 Cent.

Als letzter Punkt soll bei diesen theoretischen Erläuterungen zum elektrischen Strom die Tatsache angesprochen werden, dass unser Stromnetz zwei Spannungen anbietet: zum einen 230 Volt und zum

Darstellung des Drehstromnetzes und der Spannungen zwischen den Adern. Links eine Steckdose für Wechselstrom (230 Volt), rechts eine für Drehstrom (400 Volt)

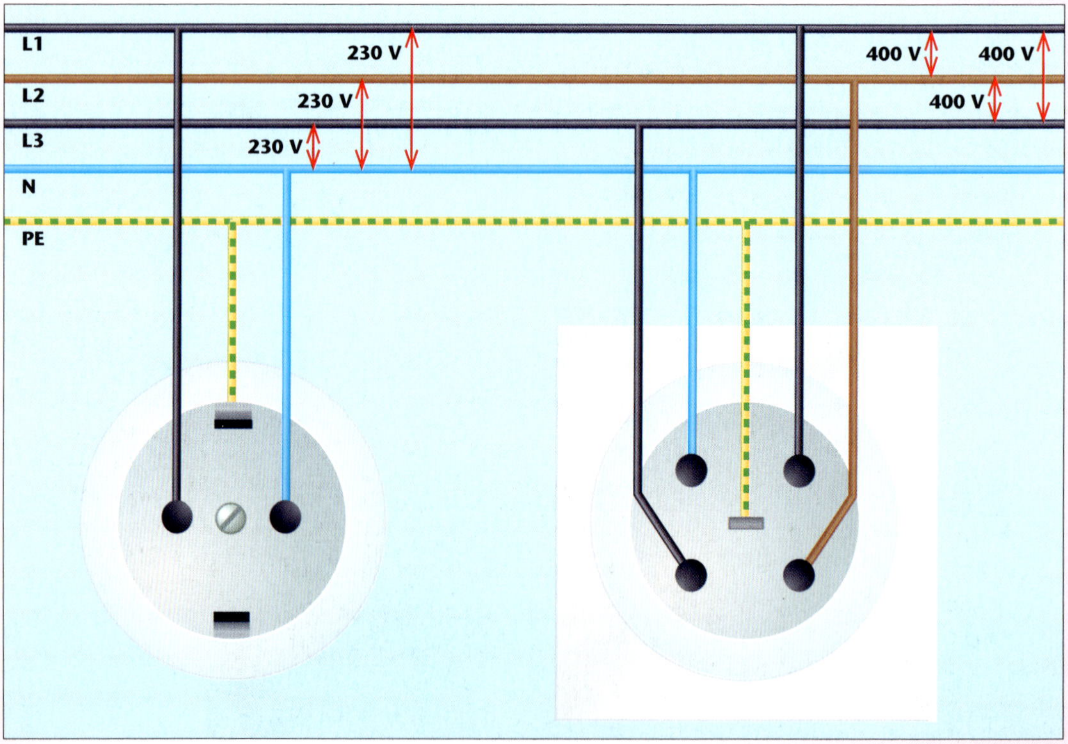

Sicherheitsregeln für Elektroarbeiten

Weil Fehler bei Elektroarbeiten unter Umständen tödliche Gefahren heraufbeschwören, müssen Sie die folgenden Sicherheitsregeln unbedingt einhalten:

- Nie an Geräten oder Anlagen arbeiten, die unter Spannung stehen. Bei elektrischen Geräten ist also vor Beginn der Arbeiten der Netzstecker zu ziehen. Vor Arbeiten an Installationen ist die Sicherung für den entsprechenden Stromkreis abzuschalten bzw. herauszuschrauben.
- Die Sicherung gegen Wiedereinschalten durch Dritte sichern. Dafür ein Warnschild an der betreffenden Sicherung anbringen. Die Sicherungspatrone von Schraubsicherungen samt Schraubkappe nicht am Sicherungskasten ablegen, sondern mitnehmen.
- Vor Beginn der Arbeiten vergewissern Sie sich, dass die Leitung spannungsfrei ist. Dafür verwenden Sie entsprechende Prüfgeräte.
- Generell dürfen Sie keine Arbeiten ausführen, bei denen Sie sich nicht über die korrekte Ausführung absolut im Klaren sind.
- Niemals beschädigte, abgenutzte oder veraltete Teile bzw. Geräte verwenden. Es darf nur Material zum Einsatz kommen, das den DIN-Normen und VDE-Bestimmungen entspricht. Nach Abschluss einer Erweiterung oder Reparatur muss die Installation den aktuellen Bestimmungen entsprechen.
- Arbeiten an Sicherungen, Verteilung, Zähler, Erdung und Hauseinlass dürfen nur konzessionierte Elektriker vornehmen.
- Den grün-gelben Schutzleiter nie für andere Funktionen verwenden, abklemmen oder entfernen. Nach dem Abschluss der Arbeit ist die Schutzleiterfunktion immer durch Messen zu überprüfen.
- Neben diesen Regeln sind weitere rechtliche Aspekte zu beachten: Bei jeder Veränderung oder Neuinstallation sind die VDE-Vorschriften einzuhalten. Eine der wichtigsten Vorschriften ist die VDE 0100, die Bestimmungen über Schutzmaßnahmen enthält. Jede Person, die an elektrischen Anlagen und Geräten arbeitet, hat sich über diese Vorschriften zu informieren.

Denken Sie also stets daran, dass Sie die Verantwortung für Elektroarbeiten tragen, die Sie selbst ausgeführt haben. Holen Sie unbedingt den Rat des Fachmanns ein, sobald Sie unsicher sind.

anderen 400 Volt. In einem Drehstromnetz gibt es drei stromführende Leiter (L1, L2, L3). Dazu kommen ein Nullleiter mit der Bezeichnung N und der Schutzleiter PE, das Kabel für die Erdung. Die Spannung ist eine Wechselspannung mit einer Frequenz von 50 Hz – sie ändert sich 50-mal pro Sekunde. Zwischen jeweils zwei stromführenden Leitern (L1, L2 oder L3) kann man bei Drehstrom 400 Volt messen, zwischen einem der drei stromführenden Leiter und dem Nullleiter sind es jeweils 230 Volt. Alle elektrischen Verbraucher, die mit einer Spannung von 230 Volt arbeiten,

Steckdosensicherung

Wo Kinder zum Haushalt gehören, sollten zumindest die leicht erreichbaren Steckdosen mit kindersicheren Öffnungen versehen sein oder entsprechend nachgerüstet werden

Verhängnisvolle Fehler

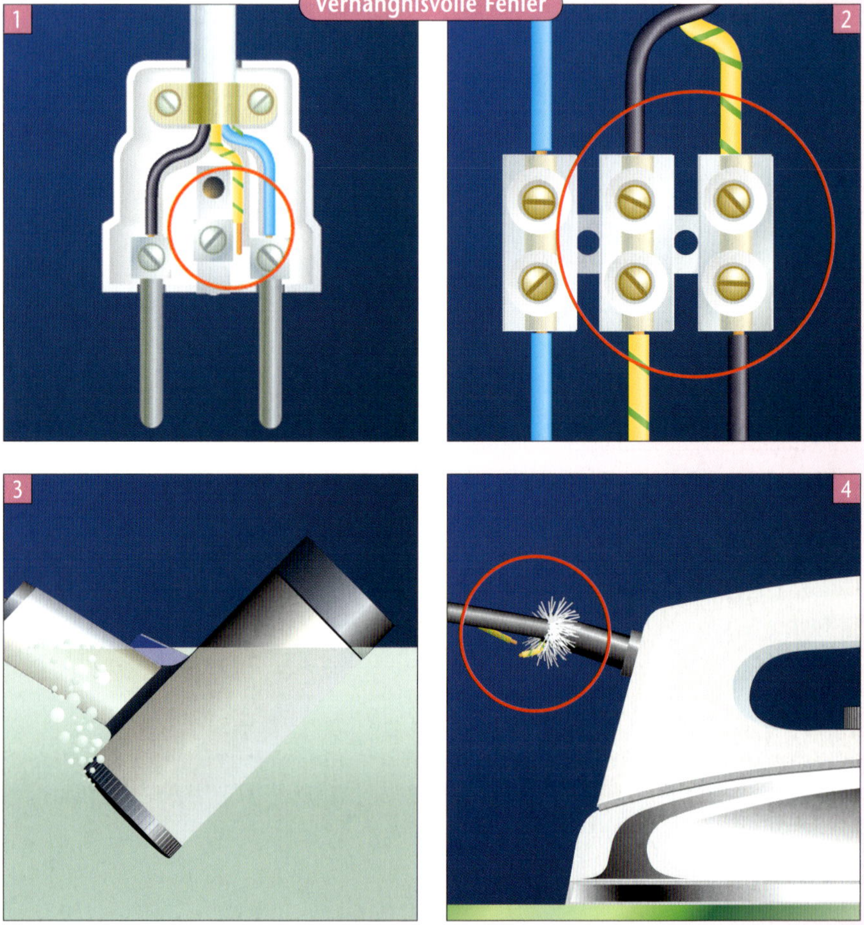

Eine häufige Unfallursache: Nicht angeschlossener oder defekter Schutzleiter (1). Der fehlerhafte Anschluss des grüngelben Schutzleiters birgt tödliche Gefahren (2)

Unsachgemäße Anwendung von Elektrogeräten ohne ausreichenden Schutz (3). Eine typische Gefahrenquelle: das Arbeiten mit defekten elektrischen Geräten (4)

Kennzeichnungen

Kaufen Sie nur Elektrogeräte und Installationsmaterialien, die das VDE- (1) und das TÜV-GS-Zeichen (2) tragen

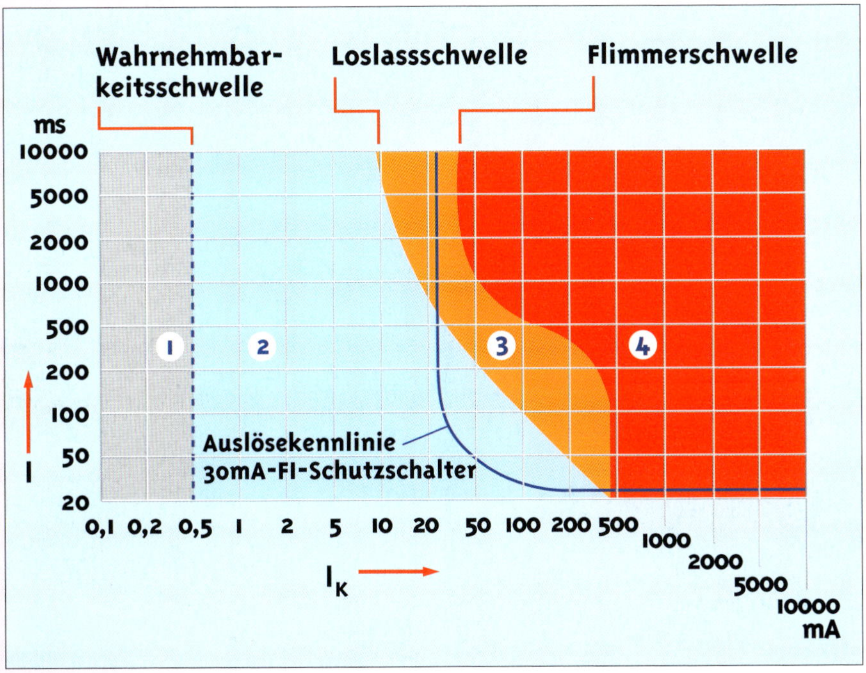

Bereits kleinste Stromstärken können für den Menschen tödlich sein.
Bereich 1: Normalerweise keine Einwirkung des Stromes feststellbar.
Bereich 2: Normalerweise keine schädigende Einwirkung feststellbar.
Bereich 3: Muskelverkrampfungen, unregelmäßiger Herzschlag möglich.
Bereich 4: Gefahr des Herzkammerflimmerns sehr groß. Lebensgefahr!
Die blaue Linie zeigt, wann ein FI-Schutzschalter von 30 mA Empfindlichkeit anspricht

besitzen 3-polige Anschlüsse für je einen der Leiter L1 und für N und PE. Die so genannten Starkstromverbraucher wie Elektroherd oder auch Durchlauferhitzer brauchen dagegen 400 Volt Spannung und haben 5-polige Anschlüsse für die Leiter L1, L2, L3, N und PE.

Schutz vor Berührungsspannung

Es gibt drei Schutzarten (siehe Symbole rechts) , die verhindern sollen, dass zu hohe Berührungsspannungen zu elektrischen Unfällen führen.

Bei Geräten der Schutzklasse I muss unbedingt ein grün-gelber Schutzleiter angeschlossen werden. Im Fehlerfall erfolgt eine Netzabschaltung durch Sicherungen oder durch Fehlerstromschutzschalter.

Elektrische Geräte oder Leuchten der Schutzklasse II sind bereits schutzisoliert. Das berührbare Gehäuse besteht aus Kunststoff oder ist so isoliert, dass im Fehlerfall keine gefährliche Berührungsspannung auftreten kann.

Schutzklasse III umfasst elektrische Geräte, für die ein Transformator die Spannung auf die ungefährliche Schutzkleinspannung von 42 Volt herunterregelt. Eine unzulässig hohe Berührungsspannung wird so verhindert. Verwendet wird die Schutzkleinspannung in besonders gefährdeten Bereichen.

Fehlerstromschutzschalter

Um Unfälle mit defekten Elektrogeräten, Installationen mit unterbrochenen Schutzleitern oder fehlerhaften Isolationen zu vermeiden, werden heute Fehlerstromschutzschalter (siehe auch S. 27) eingebaut, die den Stromkreis innerhalb von Sekundenbruchteilen abschalten.

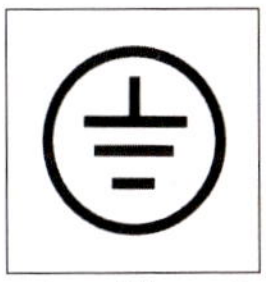
Schutzklasse I

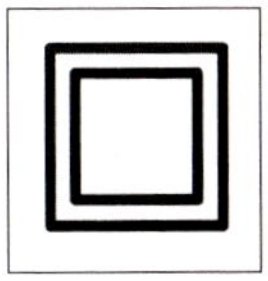
Schutzklasse II

Schutzklasse III

Werkzeuge für Elektroarbeiten

Ob für Reparaturen oder Neuinstallationen: Auf jeden Fall brauchen Sie einige wichtige Werkzeuge, um Elektroarbeiten fachgerecht ausführen zu können. Das Bild unten zeigt eine beispielhafte Werkzeugausstattung. Neben Hammer, Messer und Kombizange gehören verschiedene Schraubendreher dazu. Nicht fehlen dürfen Seitenschneider, Abisolierzange und Spannungsprüfer.

Die Werkzeug-Grundausstattung

Hammer, verschiedene Schraubendreher mit Schlitz und Kreuzschlitz, Phasenprüfer, Zweipol-Spannungsprüfer, Messer, Kombizange Seitenschneider, Abisolierzange

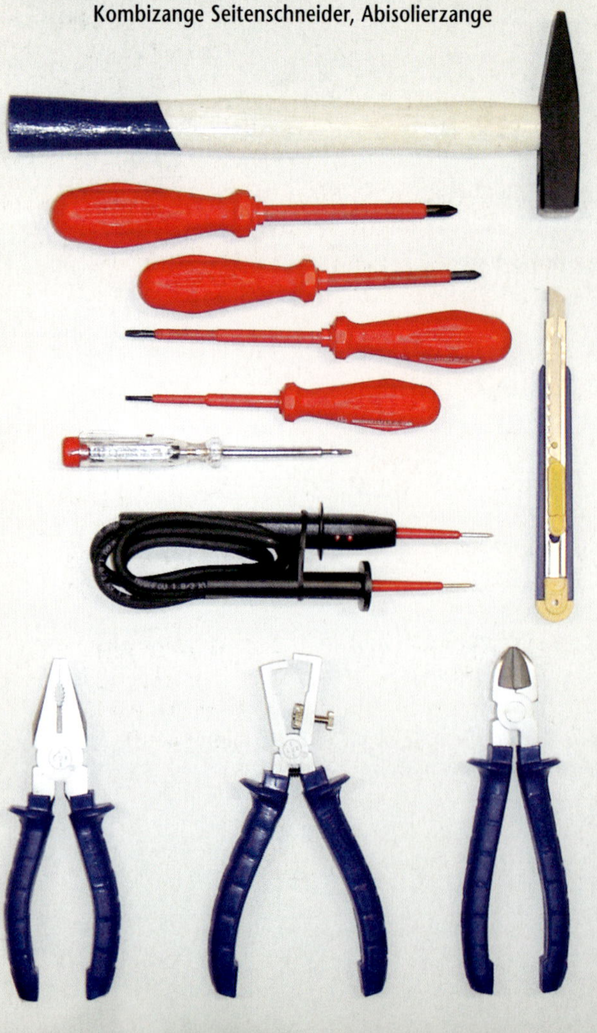

Für viele Montagearbeiten ist zudem eine Schlagbohrmaschine unerlässlich. Damit Sie nicht aus Versehen eine bereits verlegte Elektroleitung treffen, sollten Sie vor dem Bohren ein Leitungssuchgerät einsetzen.

Der Seitenschneider trennt Kabel und Leitungen sauber durch. Sind Leitungsenden freizulegen, ziehen Sie mit der Abisolierzange die Ummantelung herunter. Um festzustellen, ob eine Leitung unter Spannung steht, können Sie den abgebildeten Zweipol-Spannungsprüfer verwenden. Dieses Gerät besitzt zwei Prüfspitzen. Eine davon ist mit mehreren Anzeigen ausgestattet, die dann die jeweils anliegende Spannung zeigen.

Unentbehrlich ist eine Schlagbohrmaschine, mit der man Dübellöcher für die Befestigung von Leuchten etc. herstellen kann. Bestückt mit einer Lochsäge, kann die Bohrmaschine auch Aussparungen für Dosen in Gipskartonplatten oder Holzverkleidungen schneiden.

Ersetzt man die Lochsäge durch eine Bohrkrone, lassen sich Dosenlöcher auch in massivem Mauerwerk herstellen. Besonders leicht lässt sich Porenbeton bearbeiten. Für Ziegel- oder Betonwände braucht man unbedingt eine hartmetall- oder diamantbestückte Bohrkrone sowie einen Bohrhammer.

Schlitze für die Leitungsverlegung von Dose zu Dose werden am leichtesten und präzisesten mit einer Mauernutfräse geschnitten. Dieses Werkzeug verfügt über zwei diamantbestückte Sägeblätter, die parallel verlaufende Schnitte herstellen. Der verbleibende Steg wird mit dem Meißel weggeschlagen.

Elektrowerkzeuge

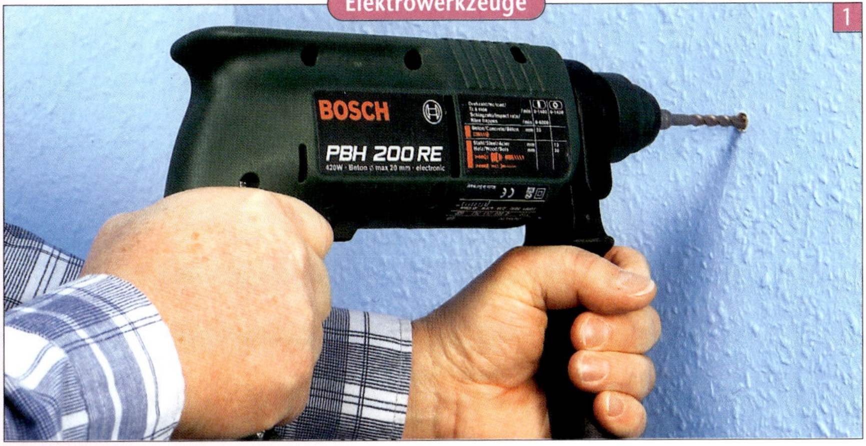

1 Die Schlagbohrmaschine wird zum Bohren von Dübellöchern eingesetzt

2

3 Bestückt mit einer Lochsäge schneidet die Bohrmaschine Dosenlöcher in Gipskartonplatten oder Holzverkleidungen (2).
Die Bohrkrone stellt Dosenlöcher in massivem Mauerwerk her (3)

4

5 Hochwertige Bohrkronen für Ziegel- und Betonwände haben diamantbestückte Hartmetallschneiden (4).
Die Mauernutfräse schneidet die Schlitze von Dose zu Dose (5)

Spannungsprüfer

1

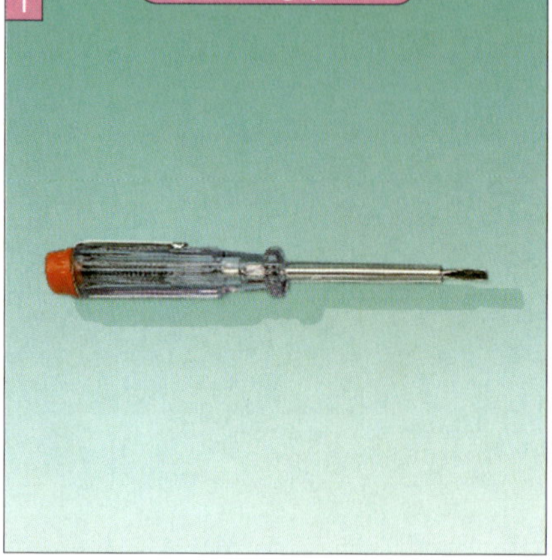

Der einpolige Spannungsprüfer als Schraubendreher zeigt Spannungen im Wechselstromnetz ab ca. 110 Volt an

2

Man hält die Schraubendreherklinge des Geräts an den betreffenden Kontakt, während man gleichzeitig das Kopfende berührt

3

Um sicherzustellen, dass der Spannungsprüfer einwandfrei arbeitet, sollte man ihn vor jedem Einsatz an einer unter Spannung stehenden Steckdose testen

Messen und Prüfen

Weil bei Elektroarbeiten die Sicherheit immer an erster Stelle steht, hat das Messen und Prüfen besonders große Bedeutung. Wenn man Kontakte und Leitungen berühren will, muss man zuvor sicherstellen, dass die Stromzufuhr vollständig unterbrochen ist und dort keine Spannung anliegt.

Spannungsprüfer

Das bekannteste Prüfgerät ist der einpolige Spannungsprüfer (auch Phasenprüfer genannt) in der Form eines Schraubendrehers. Er zeigt Spannungen im Wechselspannungsnetz ab ca. 110 Volt an. Zum Prüfen wird die nicht isolierte Spitze des Spannungsprüfers an die zu prüfende Leitung gehalten. Gleichzeitig muss man mit einem Finger den Kontakt am Kopfende des Geräts berühren. Steht die Leitung unter Spannung, fließt dann ein ungefährlicher Strom durch den Spannungsprüfer und lässt seine Glimmlampe aufleuchten.

Der einpolige Spannungsprüfer ist preiswert und lässt sich einfach anwenden, hat aber auch Nachteile: Wenn man auf gut isolierendem Untergrund oder auf einer Leiter steht, kann es sein, dass die Glimmlampe nicht aufleuchtet, obwohl Spannung vorhanden ist. Außerdem wird die Höhe der vorhandenen Spannung nicht angezeigt. Zudem kann man Nullleiter und Schutzleiter nicht prüfen.

Zu Ihrer Sicherheit sollten Sie den Spannungsprüfer nicht als Schraubendreher benutzen. Es besteht die Gefahr der Beschädigung. Dann leuchtet die Glimmlampe unter Umständen nicht mehr auf. Um sich auf den Spannungsprüfer verlassen zu können, testet man am besten an einer Steckdose, ob die Glimmlampe beim Berühren der Phase aufleuchtet. Dann erst wird das Gerät zum Prüfen eingesetzt.

Zweipolige Spannungsprüfer
Im Gegensatz zum einpoligen Spannungsprüfer bietet der zweipolige Spannungsprüfer verschiedene Vorteile: Mit ihm kann man feststellen, wie hoch die Spannung ist (wichtig zum Unterscheiden von 230 und 400 Volt) und ob Nullleiter und Schutzleiter angeschlossen sind.

Zum Messen werden die beiden Prüfspitzen beispielsweise an die Kontakte einer Steckdose angelegt. Die erste Messspitze kommt an den Steckdosenkontakt der Phase, die zweite nacheinander an die Kontakte von Null- und Schutzleiter. Wichtig: Die Messspitzen dürfen dabei nicht berührt werden, jede Hand umfasst einen der beiden Handgriffe.

Durchgangsprüfer
Ob eine Leitung intakt ist, wird mit dem so genannten Durchgangsprüfer getestet. Das Gerät besteht aus einem Gehäuse mit einer Batterie und zwei Kabeln mit Prüfspitzen oder Klemmen. Werden die Kabelenden an eine durchgängige Leitung gehalten, fließt der Strom der Batterie durch diesen Kreis und lässt eine Lampe aufglühen oder eine Klingel ertönen. Man spricht daher auch von „Durchklingeln“.

Neben der Durchgangsprüfung von Leitungen kann man mit dem Gerät auch verschiedene gleichfarbige Leiter voneinander unterscheiden. Ebenso lassen sich Glühbirnen prüfen oder Wicklungen von Elektromotoren auf Durchgang testen. Die zu prüfenden Leitungen müssen immer spannungsfrei sein. Daher zuerst den Spannungsprüfer einsetzen.

Zweipolspannungsprüfer

1 Zweipolspannungsprüfer müssen stets so gehalten werden, dass je eine Hand einen Griff umfasst. So wird sicher verhindert, dass man versehentlich eine Messspitze berührt, die unter Spannung steht

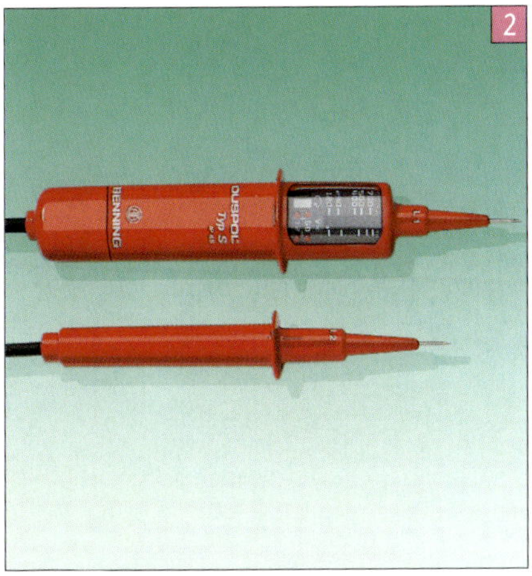

2 Hochwertige Zweipolspannungsprüfer zeigen an, wie hoch die Spannung ist. Außerdem kann man prüfen, ob Nullleiter und Schutzleiter angeschlossen sind

Durchgangsprüfer

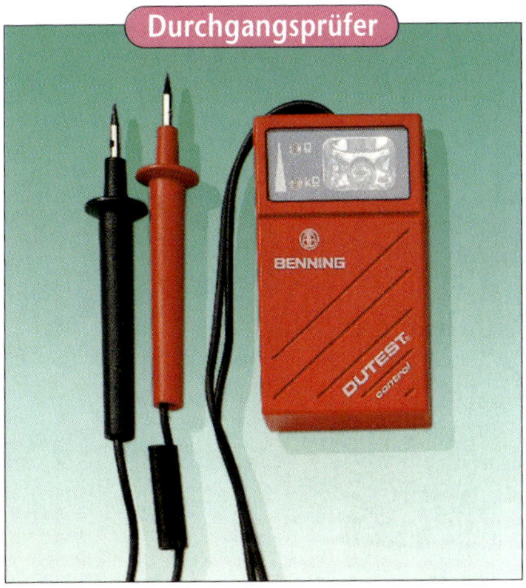

Der Durchgangsprüfer zeigt an, ob Leitungen durchgängig sind. Auch Glühlampen und Elektrogeräte können damit kontrolliert werden

Messgeräte

1

Vielfach-messgerät mit analoger Anzeige

2

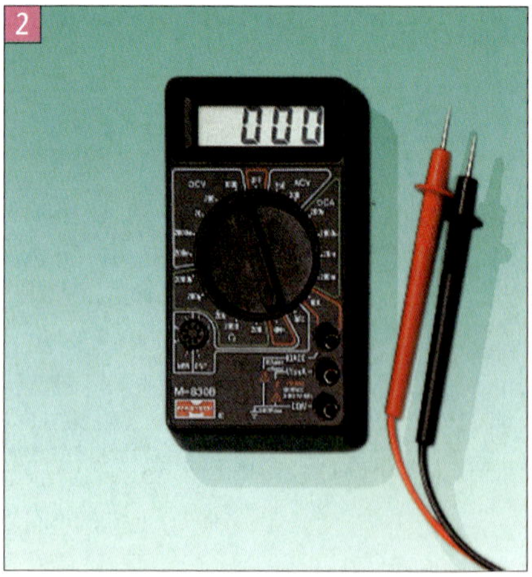

Digitales Vielfachmess-gerät mit 3 1/2-stelliger LCD-Anzeige

Vielfach-Messgeräte

Profis vom Fach wie auch fortgeschrittene Heimwerker benutzen Vielfach-Messgeräte für Gleich- und Wechselspannungsmessung, Widerstandsmessung, Durchgangsmessung sowie Messung von Tonfrequenzspannungen (z. B. an Rundfunkgeräten und Verstärkern).

In der klassischen Ausführung besitzen Vielfach-Messgeräte eine Analog-Skala. Heute werden aber fast nur noch Digital-Geräte mit LCD-Anzeige verwendet. Das Kürzel „AC“ (alternant current) steht für Wechselstrom, „DC“ (direct current) bedeutet Gleichstrom.

Messwertspeicherung und Diodentest machen die Geräte vielfältig einsetzbar. Sie haben eine Batterieladeanzeige und einen Satz Messkabel. Zusätzlich bekommt man aufschraubbare isolierte Messklemmen.

Metall- und Leitungssuchgeräte

Immer wieder verursachen Heimwerker Schäden an Elektroinstallationen, indem sie unbedacht Leitungen anbohren. Auch Wasserrohre werden oft beim Bohren von Dübellöchern beschädigt.

3

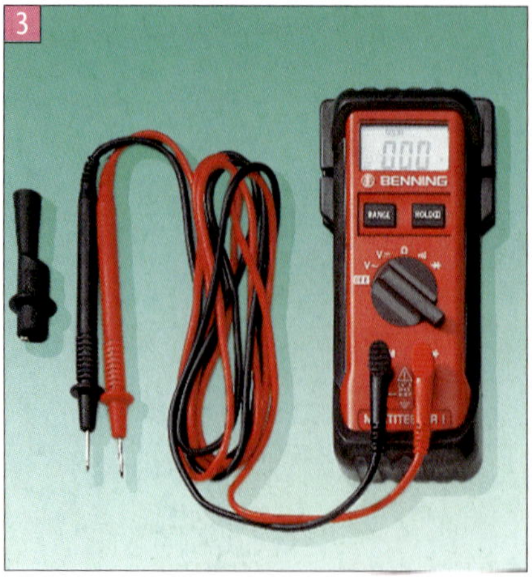

4

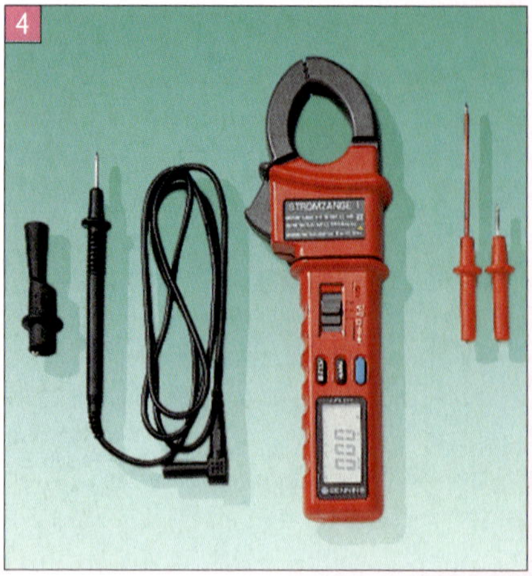

Digitales Vielfach-messgerät für Gleichspannung von 200 mV bis 600 V, Wechsel-spannung von 2 V bis 600 V und Widerstände von 200 Ohm bis 20 MOhm (3). Das Messgerät mit Stromzange (4) kann Ströme messen, indem es die Ader umschließt

Elektronische Metall- und Leitungssuchgeräte schützen vor solchen Pannen. Neben reinen Metallsuchgeräten, die die Rohre und Kupferleitungen aufspüren, gibt es Kombigeräte, die zusätzlich auf spannungsführende Leitungen reagieren. Um sicher zu sein, dass die Anzeige des Suchgeräts funktioniert, probiert man es am besten vor dem Einsatz dort aus, wo man genau weiß, das Anschlusskabel für einen Schalter oder eine Steckdose in der Wand liegen. Ortet es die Leitung, ist es in der gewählten Einstellung in der Lage, auch andere Leitungen aufzuspüren.

Metall- und Leitungssuchgeräte

1 Kombiniertes Metall- und Leitungssuchgerät

2 Hochwertige Metall- und Leitungssuchgeräte finden sowohl Wasserrohre oder Stahlarmierungen wie auch stromführende Leitungen in einer Wand

Materialkunde Elektroinstallation

Für die Neuanlage einer Elektroinstallation oder die Erweiterung einer vorhandenen Anlage braucht man Leitungen, Dosen, sowie Schalter, Steckdosen etc.

Verschiedene Leitungsarten und ihre Verwendung bei der Elektroinstallation

Man unterscheidet Leitungen für die feste Verlegung und für den Anschluss ortsveränderlicher Verbraucher (Elektrogeräte). Die Leitungen für feste Verlegung haben massive eindrähtige Leiter, die anderen flexible feindrähtige Leiter.

Beide Leitungsarten enthalten einen Leiter mit grün-gelber Farbbezeichnung, den so genannten Schutzleiter. Für den Schutzleiter, der die Erdung elektrischer Verbraucher sicherstellt, dürfen grundsätzlich keine andersfarbigen Leiter verwendet werden! Er bewirkt das Ansprechen der Sicherung bei möglichen Defekten an elektrischen Verbrauchern. Die Farbkennzeichnung anderer Adern ist abhängig von der Anzahl der Adern innerhalb einer Leitung.

Die für feste Installationen gängigsten Leitungen sind heute dreiadrige Stegleitungen (NYIF) und dreiadrige Mantelleitungen (NYM) mit Aderquerschnitten von 3 x 1,5 mm². Die Adern sind jeweils gelbgrün, blau und schwarz.

Die Mantelleitungen werden auch mit vier oder fünf Adern und größeren Querschnitten von 3 x 2,5 mm² angeboten.

Leitungsarten

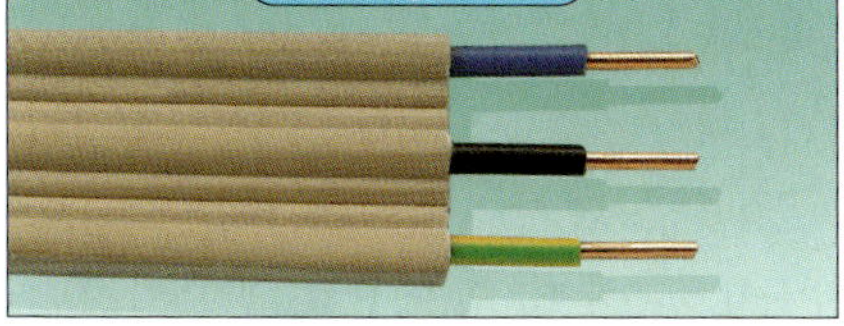

Stegleitung
NYIF-J
3 x 1,5 mm²

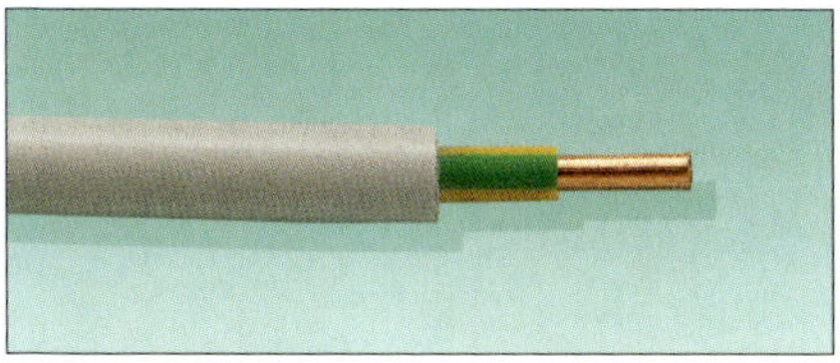

Mantelleitung
NYM-J
1 x 6 mm²

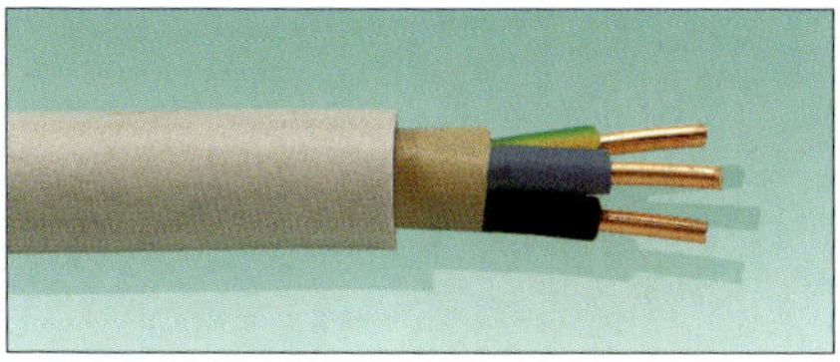

Mantelleitung
NYM-J
3 x 1,5 mm²

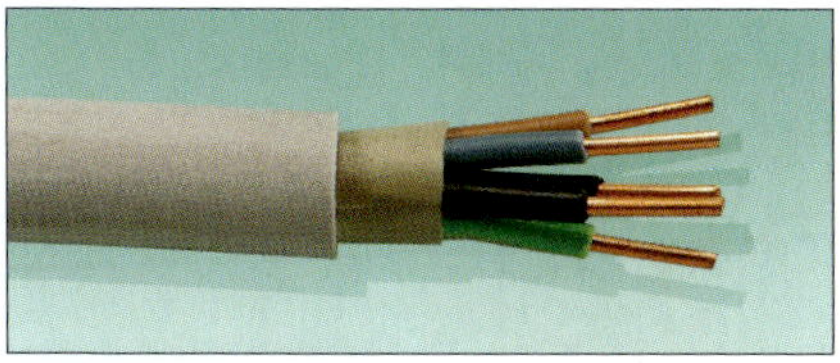

Mantelleitung
NYM-J
5 x 1,5 mm²

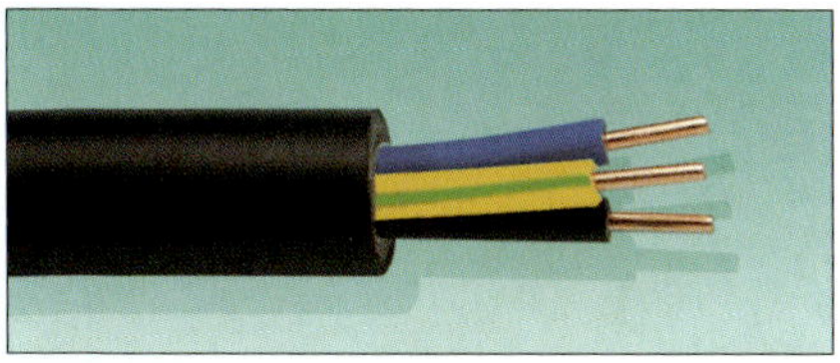

Erdkabel
NYY-J
3 x 1,5 mm²

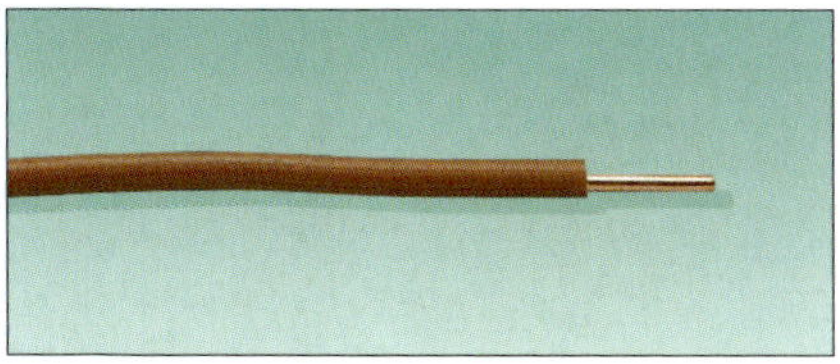

Aderleitung
1 x 1,5 mm²

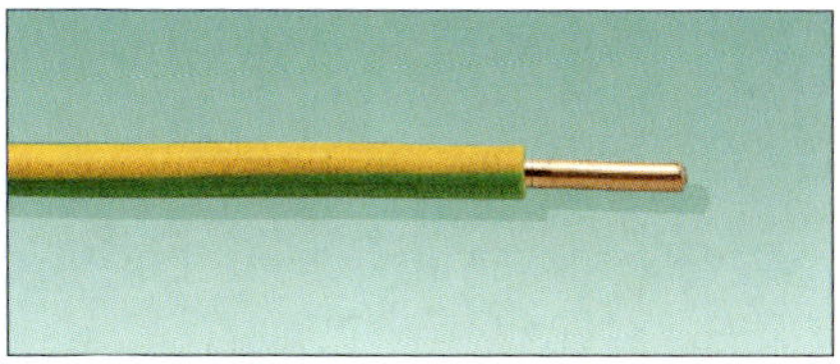

Aderleitung
1 x 4 mm²

Leerrohre und Dosen

Leerrohre, Dosen und Klemmen

Werden Leitungen auf dem Putz verlegt, so kann man diese mit einfachen Kunststoffschellen befestigen oder in spezielle Schutzrohre schieben, die dann mit entsprechend größeren Schellen befestigt werden. Wo ein besonders sauberes Installationsbild gewünscht wird, benutzt man Kabelkanäle, in denen die verschiedenen Leitungen untergebracht werden. Abzweigkästen oder -dosen für die Aufputzinstallation werden in der Regel mit verschraubtem Deckel angeboten.

Für die Unterputzverlegung kommen Abzweigdosen mit 70 mm Durchmesser zum Einsatz. Daneben verwendet man Gerätedosen (Schalterdosen). Sie haben 58 mm lichte Weite und dienen zur Aufnahme von Schaltern, Steckdosen, Dim-

1

Flexibles Installationsrohr für die Unterputzverlegung, in das die Adern eingezogen werden

2

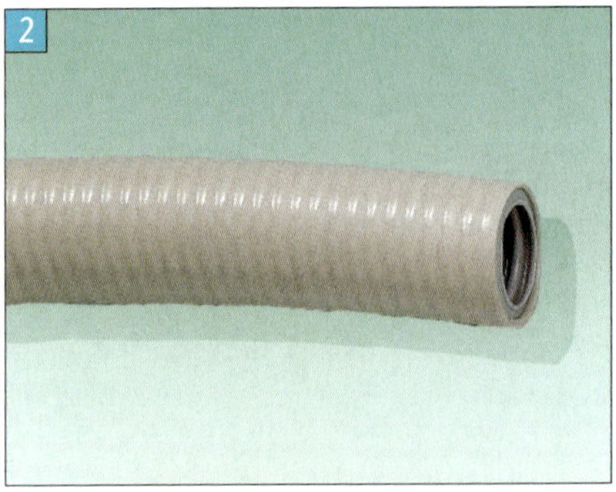

Flexibles Panzerrohr für die Unterputzverlegung mit höherer Druckfestigkeit als beim oben gezeigten Rohr

3

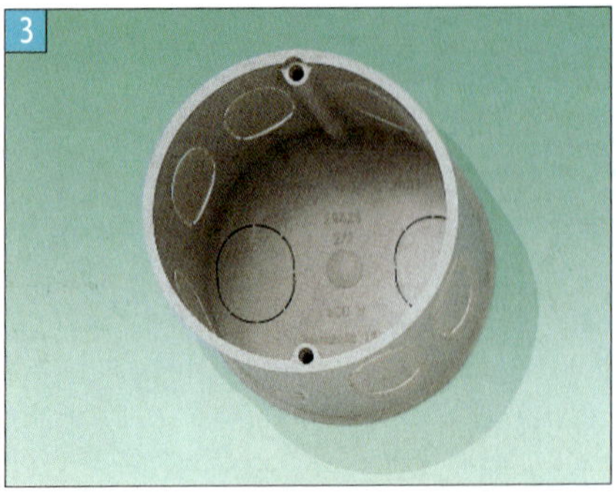

4

Abzweigdose (Durchmesser 70 mm, Tiefe 36 mm) für die Unterputzmontage (3). Abzweigdose mit 5-poliger Klemmleiste für die Aufputzmontage (4)

5

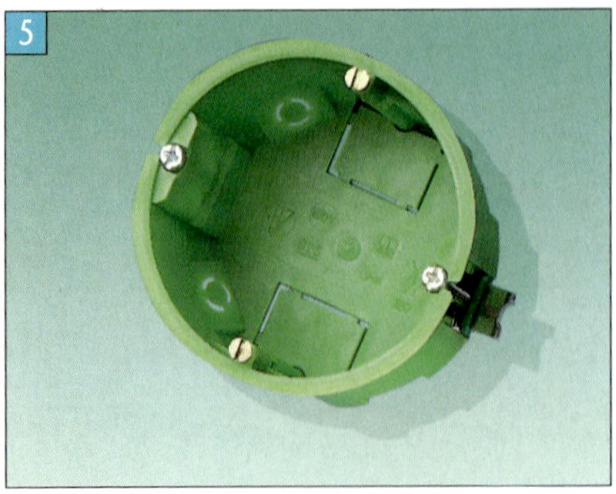

6

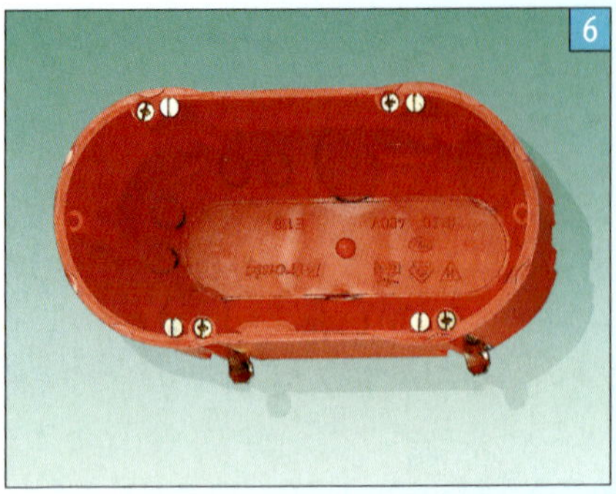

Hohlwandschalterdose mit 45 mm Tiefe (5). Hohlwandschalterdose mit Doppelkammer (6)

mern usw. In Schalterdosen sind außer dem einzubauenden Gerät (Schalter oder Steckdose) keine zusätzlichen Klemmstellen erlaubt. Es sei denn, man benutzt so genannte Geräteabzweigdosen, die beim gleichen Durchmesser deutlich tiefer sind und somit Platz für zusätzliche Verdrahtungen bieten.

Neben der Ausführung für die Unterputzmontage zum Eingipsen ins Mauerwerk gibt es auch Hohlwanddosen, die bei Leichtbauwänden mit Gipskartonbeplankung Verwendung finden.

Um Leiter in der Dose miteinander zu verbinden, werden je nach Dosentyp die darin bereits vorbereiteten festen Klemmstellen benutzt oder einzelne Dosenklemmen. Alternativ können Sie auch Steckklemmen benutzen.

Klemmen

1 Dosenklemmen für die Verbindung von Leitern in Dosen ohne feste Klemmleiste

2 Steckklemme, in die man die abisolierten Adern einfach einsteckt

Aufputzinstallation

1

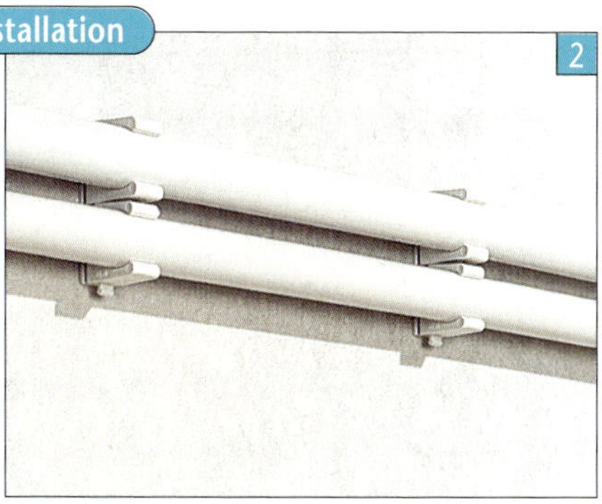

2 Schellen für die Aufputzmontage von Kabelschutzrohren (1). Die Rohre werden in die Schellen eingeklemmt (2)

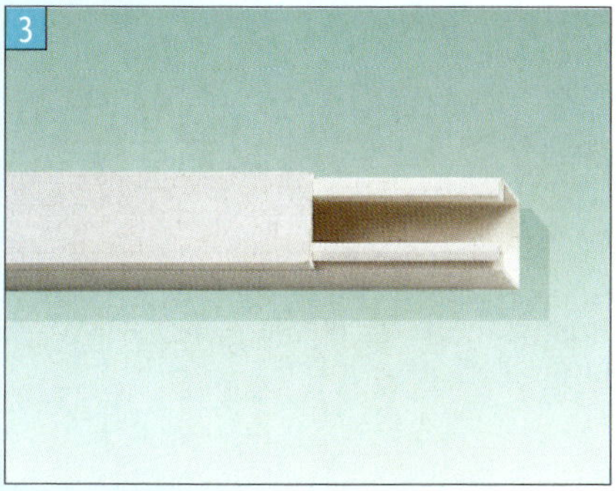

3

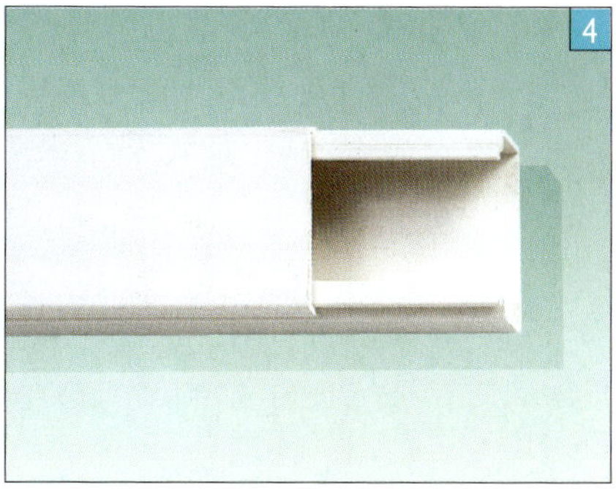

4 Leitungsführungskanäle mit Deckel und Bodenlochung in den Maßen 15 x 30 mm (3) und 40 x 40 mm (4). Die Elemente sind 2 m lang

Das Angebot an Steckdosen, Schaltern, Dimmern usw.

Die zum Einsetzen in die oben angesprochenen Gerätedosen vorgesehenen Steckdosen, Schalter usw. sind genormt. Sie können heute aus einem breit gefächerten Angebot auswählen.

Es gibt Standardprogramme mit Wippen und Abdeckplatten in Weiß. Bei den so genannten Flächenprogrammen sind die Wippen der Schalter so groß gehalten, dass die Abdeckrahmen nur noch als schmaler Rand sichtbar sind. Bei den Luxusprogrammen werden neben Weiß auch andere Farben verwendet. Teilweise kommt sogar Metall zum Einsatz. Ein rustikales Outfit erhält man mit Holz oder Holz-Imitat.

In Unterputzdosen werden Schalter und Steckdosen durch Spreizkrallen verankert, die man durch Schrauben auseinander drückt. Bei Hohlwanddosen dürfen die Spreizkrallen nicht angezogen werden, weil sie die Dosenwand beschädigen würden. Hier benutzt man die Geräteschrauben an der Dose.

Die Auswahl an Schalterprogrammen lässt heute keine Wünsche offen. Zu jeder Wandfarbe und Einrichtung gibt es passende Ausführungen

Für den Einsatz in Gerätedosen

1 Der Aufbau eines Schalters: Der Abdeckrahmen wird mit einer Federplatte fixiert

2

3 Steckdose in Normalausführung (2) und mit integrierter Kinderschutzabdeckung (3)

4

5 Universalschalter (Aus- und Wechselschalter), der auch als Taster erhältlich ist (4). Der Serienschalter (5) wird für die Betätigung zweier voneinander unabhängiger Leuchten benutzt

6

7 Elektronischer Dimmer kombiniert mit Wippen-Wechselschalter (6). Infrarot-Bewegungsmelder passend zum Schalterprogramm (7)

Die Planung von Elektroinstallationen

Vom Zählerschrank mit seinen Sicherungen gehen die einzelnen Leitungen der Hausinstallation ab. Arbeiten am Hauseinlass, an der Verteilung und – wie rechts gezeigt – an den Sicherungen dürfen nur vom Elektriker vorgenommen werden

Der Hausanschluss

Der Stromanschluss eines Gebäudes erfolgt über den so genannten Hausanschlusskasten, der sich meist im Keller befindet. Der Hausanschlusskasten ist für den Heimwerker Tabu. Der plombierte Kasten darf nur vom zuständigen Elektrizitätsversorgungsunternehmen (EVU) oder von lizensierten Elektroinstallateuren geöffnet werden. In Häusern mit moderner Elektroinstallation führt die Hauptleitung vom Hausanschlusskasten zum Zählerschrank und teilt sich dahinter, falls mehrere Wohneinheiten über diesen Anschluss versorgt werden, in die einzelnen Stromkreisverteiler auf. Zählervor- und- abgangssicherungen verhindern, dass bei einer Überbelastung die Hauptsicherung durchbrennt. Die Vor- und Abgangssicherungen ermöglichen auch ein Abtrennen einzelner Wohneinheiten vom Stromnetz. Auch der Zähler und die dazugehörigen Vorsicherungen sind mit einer Plombierung versehen. Der Heimwerker muss also, auch wenn er entsprechende Kenntnisse besitzt, für Arbeiten am Zähler einen Installateur bestellen.

Die heutigen Hauptleitungen sind so genannte Drehstromleitungen, bestehend aus vier Adern. Die drei stromführenden Phasen werden heute mit L1, L2 und L3 bezeichnet, heißen aber auch Außenleiter 1, 2 und 3 und liefen früher unter den Namen R, S, T. In den Adern fließt eine Wechselspannung, die sich 50-mal pro Sekunde auf- und abbaut. Da dieser Spannungswechsel phasenverschoben, also nicht in allen Leitungen gleichzeitig abläuft, dürfen die Leitungen nicht miteinander in Berührung kommen.
Für eine Trennung der Drähte sorgt der Neutralleiter N, früher Mp genannt.

Die Stromzuleitung ins Haus endet im plombierten Hausanschlusskasten. Von dort geht eine Leitung zum Zählerschrank

Der ebenfalls verplombte Zähler misst den Stromverbrauch. Für die Abrechnung wird er einmal jährlich abgelesen

Der Schutzleiter PE, der vormals SL hieß, wurde früher am metallenen Wasserrohrnetz geerdet, was heute nicht mehr zulässig ist. Bei Neubauten muss zusätzlich ein Fundamenterder angebracht werden, der gleichzeitig auch für die Erdung der Blitzschutz-, Antennen- und Fernmeldeanlagen genutzt wird. So wird verhindert, dass zwischen den einzelnen Leitungssystemen eine Spannung (ein Potenzial) entsteht.

Der Zähler misst den Stromverbrauch in Kilowattstunden (kWh). Die Stromkreise sind durch im Stromkreisverteiler installierte Sicherungsautomaten oder Schmelzsicherungen gesichert.

Wozu Sicherungen?

Stromleitungen sind nur begrenzt belastbar. Damit es beim gleichzeitigen Betrieb mehrerer Elektrogeräte nicht zu einer Überbelastung kommt, wird die Leitung durch eine Sicherung, das so genannte Überstromschutzorgan kontrolliert. Die Sicherung reagiert auf Überbelastung, indem sie den Stromfluss unterbricht. So wird verhindert, dass die Leitung durchschmort und einen Brand verursacht. Auch auf einen Kurzschluss reagiert die Sicherung mit einer Unterbrechung des Stromkreises. Ein Kurzschluss entsteht, wenn sich Leitungen mit Spannungen unterschiedlicher Phasen berühren oder wenn sie mit dem Neutralleiter oder Schutzleiter in Kontakt kommen.

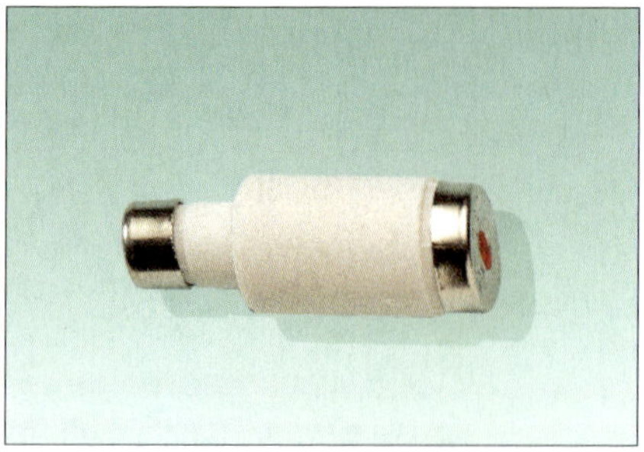

Schmelzsicherung aus Porzellan. Die Kennfarbe Rot zeigt an, dass diese Sicherung für einen Nennstrom von 10 Ampere geeignet ist

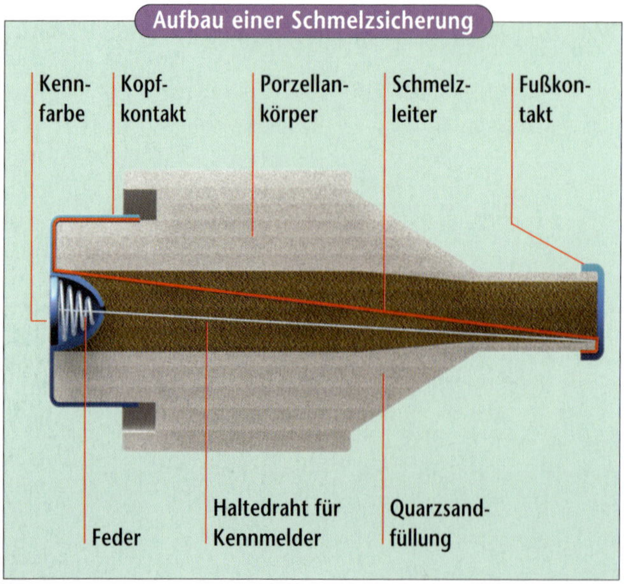

Bei den Überstromschutzorganen gibt es zwei verschiedene Systeme: Schmelzsicherungen und Sicherungsautomaten. Die Schmelzsicherung besteht aus Porzellan. Die Verbindung zwischen Kopf- und Fußkontakt stellt ein so genannter Schmelzleiter dar, der bei zu starkem Stromdurchfluss zu schmelzen beginnt. Die sprichwörtliche „durchgebrannte Sicherung" ist also eigentlich eine durchgeschmolzene. Ist der Schmelzleiter zerstört, wird dadurch auch der Stromfluss unterbrochen. Ist der am Kopfkontakt der Sicherung angebrachte farbiger Punkt abgefallen, ist dies ein Zeichen dafür, dass die Sicherung unbrauchbar geworden ist.

Die Sicherungssockel sind so eingerichtet, dass nur die der Stromstärke entsprechende Sicherung in die Fassung passt. Die einzige Ausnahme stellen die 6-A- und 10-A-Sicherungen dar. Sie passen beide in die Sockel für 6-A- bzw. 10-A-Stromkreise. Defekte Schmelzsicherungen müssen in jedem Fall ausgetauscht werden. Sie dürfen auf keinen Fall provisorisch repariert oder überbrückt werden.

Das zweite System neben den Schmelzsicherungen stellen die so genannten Sicherungsautomaten dar. Sie sind mittlerweile in den meisten Häusern Standard. Wie bei den Schmelzsicherungen wird das Einschrauben einer falschen Sicherung in den Sockel durch unterschiedliche Passformen verhindert. Der Sicherungsautomat besitzt einen Knopf am Außenrand, durch dessen Drücken sich der Stromkreis unterbrechen lässt. Durch den zentral angebrachten Einschaltknopf wird die Verbindung wiederhergestellt.

In Neubauten werden meist Sicherungsautomaten in Schmalbauweise eingesetzt. Sie werden mit einer Schnappbefestigung auf eine Tragschiene geklemmt und lassen sich daher auch leicht wieder lösen. Der vorne angebrachte Kipphebel dient zum Ein- und Ausschalten des Stromkreises.

Wird der Stromkreis durch die Sicherung unterbrochen, muss man sich auf die Suche nach der Ursache der Unterbrechung machen. Liegt eine Überbelastung vor, kann das Problem behoben werden, indem man einige Geräte vom Netz nimmt, liegt ein Kurzschluss vor, muss das defekte Gerät ausfindig gemacht werden. Reagiert die Sicherung auch, wenn alle Verbraucher ausgeschaltet sind, liegt ein Schaden am Leitungsnetz vor.

Defekte Schmelzeinsätze und Schraubautomaten können vom Heimwerker problemlos in Eigenleistung ausgetauscht werden. Den Austausch eines Sicherungsautomaten kann dagegen nur der Installateur vornehmen, weil in diesen Arbeitsgang auch die plombierten Zählersicherungen involviert sind.

Fehlerstromschutzschalter

Weit gehenden Schutz vor Unfällen mit elektrischem Strom bietet der Einbau von Fehlerstromschutzschaltern (FI-Schutzschalter) in die Installation. Ein solcher Schalter, der in den Zählerkasten integriert wird, schaltet den geschützten Stromkreis innerhalb von Sekundenbruchteilen ab, wenn durch einen unterbrochenen Schutzleiter, mangelhafte oder fehlerhafte Isolation, fehlerhafte Anschlüsse oder Berührung spannungsführender Teile ein so genannter Fehlerstrom von mehr als 30 mA auftritt. Ein gefährlicher Stromschlag für Menschen wird so vermieden (siehe Grafik Seite 11). Für besonders gefährdete Bereiche gibt es Fehlerstromschutzschalter die bereits bei einem Nennfehlerstrom von 10 mA auslösen.

Neuanlagen werden heute – obwohl der Einbau von Fehlerstromschutzschaltern nicht dringend vorgeschrieben ist – regelmäßig mit diesen Sicherungseinrichtungen versehen. Bei Altanlagen ist meist eine Nachrüstung möglich und auch unbedingt empfehlenswert. Dies ist allerdings eine Aufgabe für den Elektrofachmann.

Die regelmäßige Überprüfung der FI-Schutzschalter in der Hausinstallation kann man aber selbst übernehmen. Etwa zweimal pro Jahr sollte jeder FI-Schutzschalter betätigt werden. Dazu drückt man die mit P oder T gekennzeichnet Prüftaste und löst so den Schutzschalter aus.

Bei größeren Gebäuden gibt es hinter dem Zählerschrank verschiedene Unterverteilungen mit Sicherungsautomaten (hier 1-16), Schraubsicherungen (hier 17-20) und dem Fehlerstromschutzschalter (hier 24)

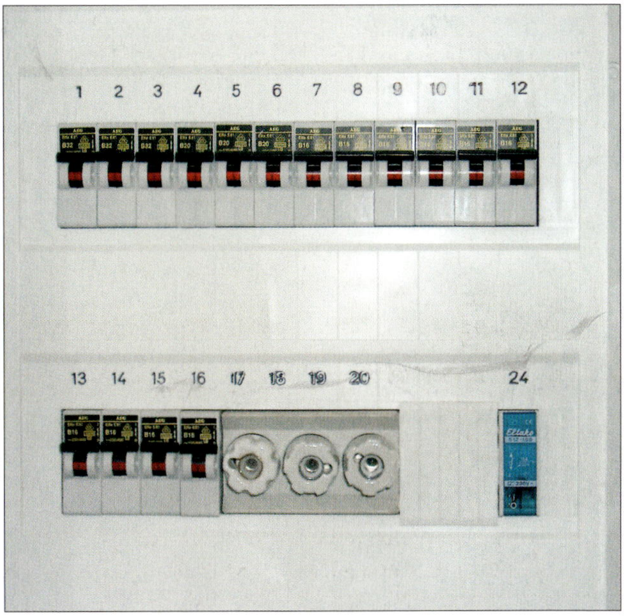

Wichtige Sinnbilder und ihre Bedeutung

Sinnbild	Bedeutung	Sinnbild	Bedeutung
	Starkstromleitung	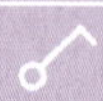	Ausschalter
	Leitung mit zwei Stromkreisen		Wechselschalter
	Leitung, einadrig		Serienschalter
	Leitung, zweiadrig		Kreuzschalter
	Leitung, fünfadrig		Tastschalter
	Leitungskreuzung ohne Verbindung		Dimmer
	Leitungsverzweigung		Schütz- oder Relaisspule
	Schutzleitung		
	Leitung für Schwachstrom	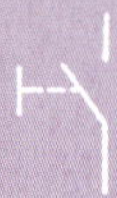	Taster als Schließer
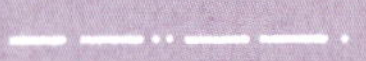	Leitung für Fernsprecher	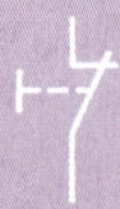	Taster als Öffner
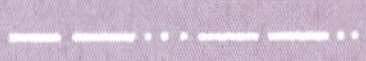	Leitung für Antenne		
	Glühlampe		Steckdose ohne Schutzkontakt
	Leuchtmelder		
	Leuchtstofflampe		Steckdose mit Schutzkontakt
	Schmelzsicherung, einpolig		Steckdose mit Doppelanschluss und Schutzkontakt
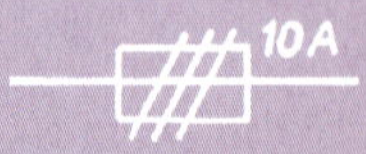	Schmelzsicherung, dreipolig, 10 A		Steckdose für Telefonanlage
	Sicherungsautomat, 10 A		Steckdose für Antenne

Sinnbild	Bedeutung
	Schutzleiter-anschluss
	Erdung allgemein
	flammsicher, auf Holz montierbar
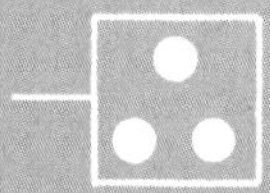	Elektroherd
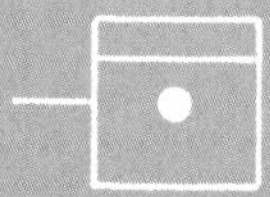	Backofen
	Mikrowellenherd
	Kühlschrank
	Geschirrspül-maschine
	Waschmaschine
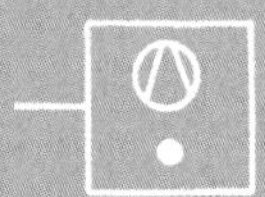	Wäschetrockner
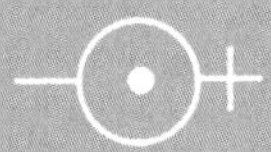	Heißwasserbereiter
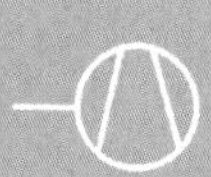	Lüfter,elektrisch angetrieben

Anzahl der Steckdosen / Beleuchtungsanschlüsse*

(Steckdose) = Steckdose X = Beleuchtungsauslass	Gehobene Ausstattung ☆☆☆		Normale Ausstattung ☆☆		Mindest-ausstattung ☆	
	Steckdose	X	Steckdose	X	Steckdose	X
Schlafzimmer-/ Wohnraum bis 12 m²	7	3	5	2	3	1
ab 12 m² bis 20 m²	9	3	7	2	4	1
über 20 m²	11	4	9	3	5	2
Kochnische	8	2	7	2	5	2
Kochnische mit Essecke	9	3	8	3	6	3
Küche	11	3	9	3	7	2
Küche mit Essecke	12	4	10	4	8	3
Bad	5	3	4	3	3	2
WC	2	2	2	1	1	1
Flur/Diele Länge bis 2,5 m	1	3	1	2	1	1
Länge über 2,5 m	3	3	2	2	1	1
Hausarbeitsraum	9	3	7	2	4	1
Freisitz Länge bis 3 m	2	1	1	1	1	1
Länge über 3 m	3	2	2	1	1	1
Hobbyraum	7	2	5	2	3	1

*Doppel- und Mehrfachsteckdosen zählen hierbei als eine Steckdose

Die große Tabelle links zeigt die wichtigsten Sinnbilder in der Elektroinstallation und ihre Bedeutung.
Die Tabelle oben gibt Planungsanhaltspunkte für die Ausstattung von Wohnungen mit Steckdosen und Beleuchtungsauslässen.
Die Mindestausstattung (1 Stern) ist heute kaum noch üblich.
Bei Mehrfamilienhäusern wählt man die Normalausstattung (2 Sterne) und für Einfamilienhäuser die gehobene Ausstattung (3 Sterne)

Planung einer Neuinstallation

Um in dieser entscheidenden Phase keine Fehler zu machen, sollte der Heimwerker unbedingt den Elektrofachmann zu Rate ziehen. Ideal ist eine Arbeitsteilung, bei der der Profi die gesamte Planung sowie das Verdrahten und Anschließen an den Verteilerkasten übernimmt.

Das Herstellen der Leitungsschlitze, das Verlegen der Leerrohre und Kabel, das Einputzen der Dosen usw. dagegen sind Arbeiten, die der Elektriker ohnehin nicht gerne ausführt. Hier kann der Heimwerker eine Menge teure Handwerkerstunden durch Eigenleistung einsparen. Viele Elektrofachbetriebe sind auf Anfrage zu solchen Kooperationen bereit. Nach Abschluss der Rohbauarbeiten oder vor Beginn einer größeren Modernisierungsmaßnahme zeichnet der Profi dann anhand seines Planes auf den Wänden an, wo Schlitze und Dosenlöcher hergestellt werden müssen und wo welche Leitungen bzw. Leerrohre eingebaut werden sollen. Hat der Heimwerker diese Arbeiten ausgeführt, kann der Fachmann in wenigen Arbeitsstunden die erforderlichen Verdrahtungen ausführen und sämtliche Stromkreise an den Zählerkasten oder weitere Unterverteilungen im Hause anschließen. Der Elektromeister trägt in diesem Fall die Verantwortung für die gesamte Anlage.

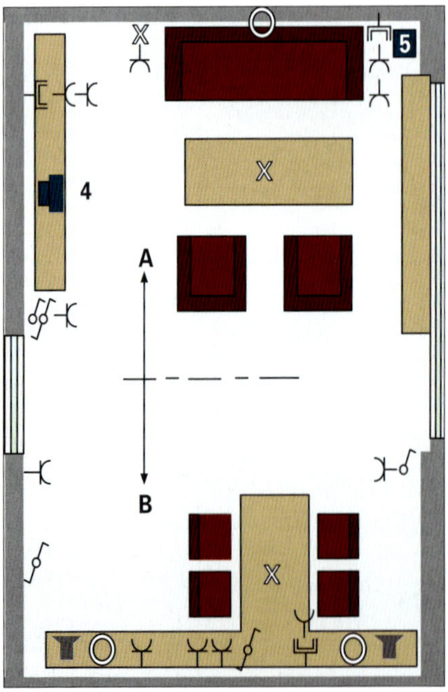

Beispiel für einen Wohnraum mit integrierter Essecke und die geplante Elektroinstallation

Planen Sie immer großzügig

Wenn Sie gemeinsam mit dem Elektrofachmann die Installation für einen Neubau oder eine Modernisierung durchsprechen, sollten Sie auf keinen Fall an der Zahl der Steckdosen und Schalter sparen. Die Erfahrung zeigt, dass später fast immer zu wenig Steckdosen vorhanden sind oder der Komfort beim Schalten von Leuchten zu wünschen übrig lässt. Die Tabelle auf Seite 29 gibt Anhaltspunkte für die Anzahl von Steckdosen und Beleuchtungsauslässen. Entscheidend sind aber letztlich die individuellen Ansprüche an die Ausstattung.

Komfortabel sind Unterverteilungen auf jeder Etage. Dann müssen im Fall von Reparaturen nur kleine Bereiche vom Stromkreis getrennt werden. Auch wenn mal eine Sicherung herausspringt, ist nicht gleich das halbe Haus ohne Strom. Denken Sie auch an Ihre Sicherheit. Fehlerstromschutzschalter (FI-Schutzschalter) sind nach wie vor nicht überall Pflicht. Diese Schutzeinrichtungen sorgen dafür, dass schon bei kleinsten Fehlerströmen – hervorgerufen durch einen Defekt – das Netz in Sekundenbruchteilen abgeschaltet wird. Lebensgefährliche Stromschläge sind damit ausgeschlossen.

Beispiele für die Leitungsführung

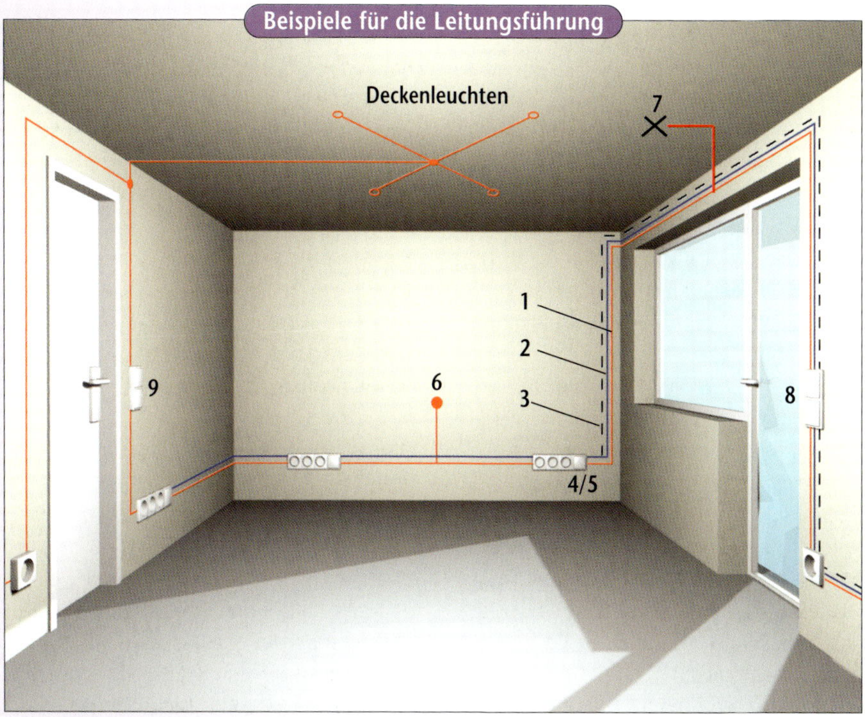

Ansicht des links im Grundriss gezeigten Raumes in Blickrichtung A. Bezeichnungen der Leitungen:
1. Licht- und Steckdosenleitung;
2. Antennenleitung;
3. Lautsprecherleitung;
4. TV; 5. Radio;
6. Wandleuchte;
7. Fensterleuchte;
8. Schalter für Fenster-, Balkon- und Terrassenleuchten;
9. Schalter für Deckenleuchten

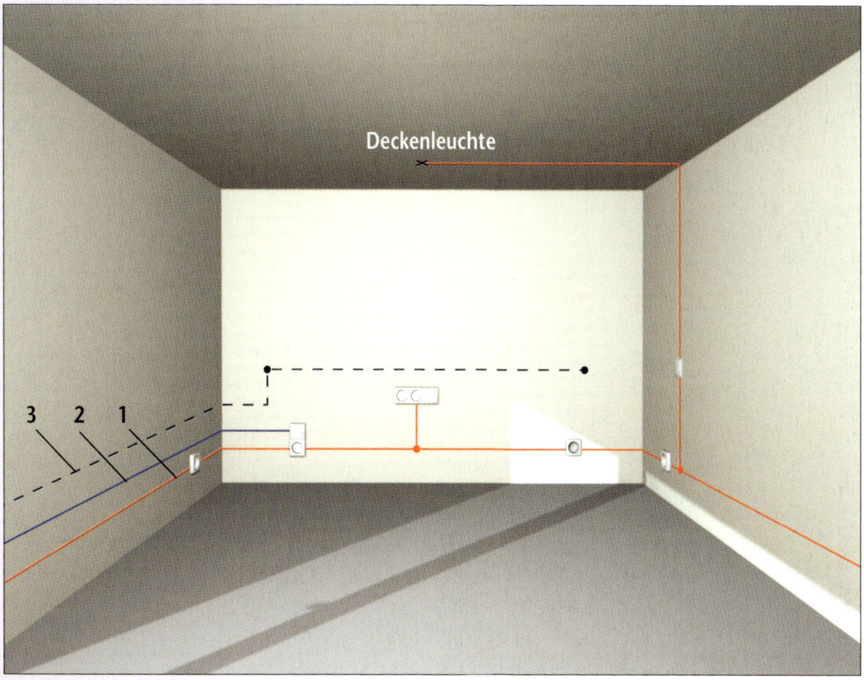

Ansicht des Raumes in Blickrichtung B

Regeln für die Verlegung

Es gibt vier Möglichkeiten, elektrische Leitungen zu verlegen: über Putz, auf Putz, in Putz und unter Putz. Eine Verlegung über Putz erfolgt mit Hilfe von Abstandhaltern, so dass hinter der Leitung noch Wasser abfließen kann. Bei einer Auf-Putz-Verlegung dagegen liegt die Leitung direkt auf der Wand auf. Bei Neubauten lassen sich durch gute Planung sichtbare Leitungen vermeiden. Sie verschwinden dann praktisch völlig in der Wand, liegen also entweder in oder unter dem Putz. Um ein Beschädigen der Leitungen durch das Einschlagen von Nägeln oder Dübeln zu vermeiden, muss man sich bei der Verlegung der Leitungen an die üblichen Installationszonen (siehe Grafik oben) halten. Leitungen dürfen an der Wand grundsätzlich nur waagerecht oder senkrecht verlegt werden. Auch an der Decke muss der Leitungsverlauf im rechten Winkel zu der Wand stehen, aus der die Leitung kommt.

An allen Verzweigungspunkten der Leitungen werden so genannte Verbindungsdosen eingesetzt. Bei dieser Lösung werden die Enddosen übertapeziert, was den Nachteil hat, dass man bei Reparaturarbeiten die Tapete beschädigen muss. Alternativ können auch Dosen für Schalter und Steckdosen mit zusätzlichem Verteilerraum verwendet werden. Auch solche „Geräteverbindungsdosen" können Leitungen verzweigen oder verbinden. Diese Dosen bieten darüber hinaus den Vorteil, dass Schalter und Steckdosen herausgenommen werden können, ohne die Tapete aufzuschneiden.

Zentrale Verteilerkästen trifft man im privaten Wohnraum praktisch nicht an. Bei einer solchen Installationsform müsste

Die Zeichnung zeigt eine typische Rauminstallation mit den genormten Einbaumaßen in Zentimetern für Schalter, Steckdosen, Deckenleuchten usw.

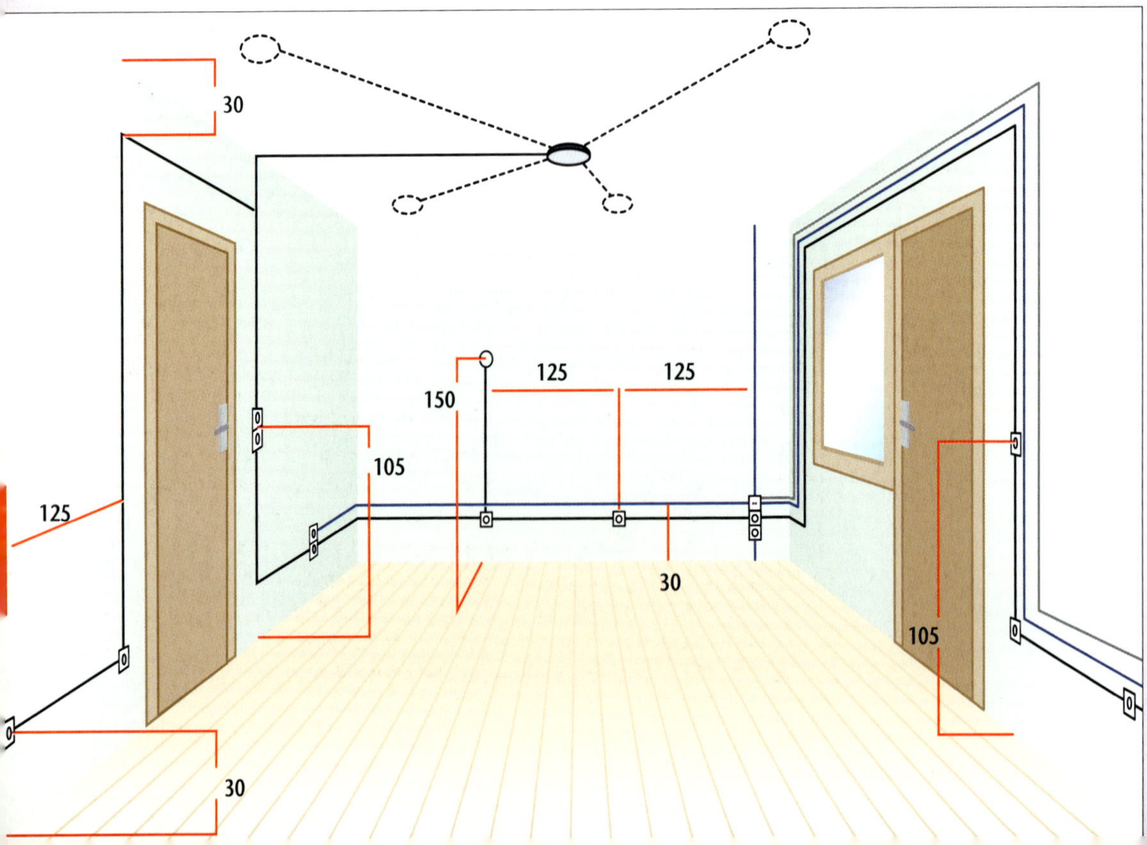

jeder Schalter, jede Steckdose und jeder Beleuchtungskörper in direktem Kontakt mit dem Verteilerkasten stehen.

Es lohnt sich, als Bauherr schon frühzeitig darüber nachzudenken, wo man später Radio, Fernseher und andere Geräte, die einen Antennenanschluss benötigen, platzieren will. An der Stelle des Antennenanschlusses werden oft auch mehrere Stromanschlüsse benötigt. Hier empfiehlt sich die Installation einer Dreifachsteckdose.

In Küchen hat die Erfahrung gezeigt, dass über der Arbeitsfläche meist im Abstand von 90 cm zwei Steckdosen benötigt werden, um kleine Elektrogeräte anzuschließen. Besitzt man viele dieser Klein- und Handgeräte, empfiehlt sich ein Abstand von 60 cm. Insgesamt sollten fünf bis acht Steckdosen von der Arbeitsfläche aus erreichbar sein. Für alle Geräte, deren Anschlüsse sich unterhalb der Arbeitsfläche befinden, sowie für Dunstabzugshaube, Kühlschrank und Geschirrspüler müssen zusätzliche Steckdosen eingeplant werden. Nur so lässt sich lästiges Umstöpseln oder die Verwendung von Mehrfachsteckdosen vermeiden.

Bei der Elektroplanung des Schlafzimmers sollte man sich überlegen, ob man die Deckenbeleuchtung über einen Wechselschalter bedienen möchte, sodass sich das Licht sowohl von der Tür als auch vom Bett aus an- und ausschalten lässt. Im Bereich des Nachttisches sollten zwei bis drei Steckdosen für Beleuchtung, Elektrowecker und andere Geräte angebracht werden. Wer sich vor „Elektrosmog" schützen möchte, kann im Schlafzimmer, oder zumindest direkt an den Betten besonders abgeschirmte Leitungen verlegen. Hierzu gibt der Fachhandel Auskunft.

Installationsvarianten

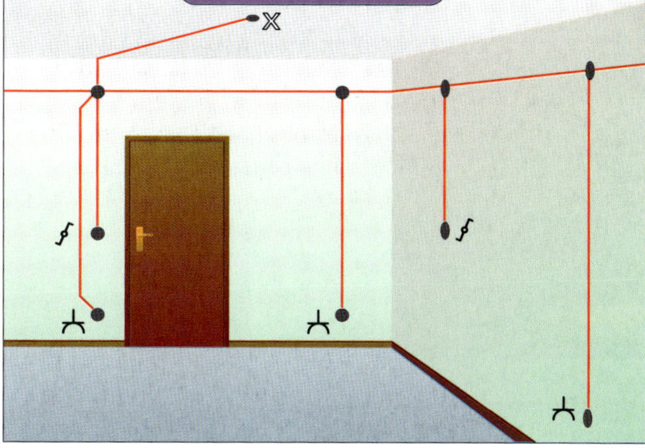

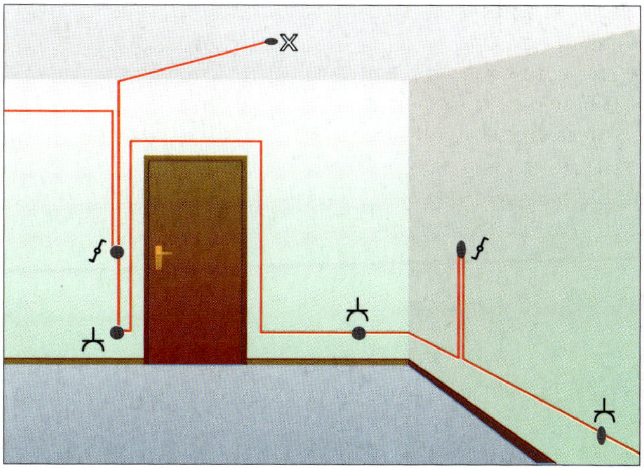

Ganz oben:
Bei der klassischen Installationsform wird mit Verbindungsdosen gearbeitet.
Darunter:
Eine wesentliche Vereinfachung bietet die Installation mit Geräteabzweigdosen

Sicherheit im Bad

Für Elektroinstallationen im Bad gelten besondere Sicherheitsvorschriften. Nach VDE 0100 müssen Steckdosen und Schalter außerhalb des definierten Schutzbereichs von Badewanne und Dusche angebracht werden (siehe Grafik folgende Seite). In diesem Schutzbereich dürfen keine elektrischen Leitungen verlaufen, auch wenn sie in der Wand verborgen sind. Ausgenommen von dieser Regel sind natürlich diejenigen Leitungen, die zu den an den Wänden befestigten Verbrauchern führen, sofern sie senkrecht hinter diesen

Verbrauchern verlegt und von hinten in sie eingeführt werden. Diese Leitungen müssen allerdings mindestens 6 cm unter der Wandoberfläche liegen, damit sie vor Feuchtigkeit geschützt sind. Des Weiteren wird so verhindert, dass durch das Anbringen von Badarmaturen die Leitungen beschädigt werden.

Dusch- und Badewannen aus Stahl müssen einen Potenzialausgleich haben (re.). Innerhalb der hier farbig markierten Schutzbereiche dürfen im Bad keine Steckdosen und Schalter installiert werden (unten)

Im Badezimmer ist der so genannte Potenzialausgleich besonders wichtig. Alle leitfähigen Systeme, – das heißt die Abflussstutzen an der Dusch- und Badewanne, die Wannen selbst, metallene Rohrsysteme der Wasserleitung und Heizung – müssen miteinander verbunden werden. Nur so kann sicher verhindert werden, dass einzelne dieser Elemente Spannung führen. Dusch- und Badewannen aus Stahl haben meist vorbereitete Anschlüsse, an die die Potenzialausgleichsleitungen angeschlossen werden können.

Elektrizität im Außenbereich

Der Freizeitwert von Terrasse und Garten erhält zunehmend größere Bedeutung. Entsprechend muss auch dort für Beleuchtung sowie elektrische Anschlüsse für Rasenmäher, Springbrunnen usw. gesorgt werden.

Bei der Planung der Elektroinstallationen für den Außenbereich gilt es, die Anschlüsse so nahe wie möglich zu den vorgesehenen Verbrauchern zu platzieren. So vermeidet man endlos lange Kabelverbindungen beispielsweise beim Rasenmähen. Die elektrischen Anlagen im Außenbereich unterliegen den gleichen Bestimmungen wie in feuchten oder nassen Räumen: Sie müssen tropf- und spritzwassergeschützt sein. Entsprechende Verteiler, Abzweigdosen, Schalter und Steckdosen bietet der Handel sowohl für die Aufputz als auch für die Unterputzinstallation an. Um missbräuchliche Benutzung der Außensteckdosen – etwa durch Einbrecher – auszuschließen, sollte man die Anschlüsse von innen ausschalten können.

Bei einer optimalen Planung der Außeninstallationen legt man beim Neubau noch vor dem Anlegen des Gartens die Positionen von Leuchten und Steckdosen im Freien fest und verbindet sie, wo erforderlich, durch im Erdreich verlegte Kabel mit der Hausinstallation.

Dabei verwendet man spezielle, für die Erdverlegung zugelassene Kabel. Zum Schutz vor Frostbewegungen und Beschädigungen durch Gartengeräte sollen Erdkabeln mindestens 60 cm tief liegen. Vor mechanischer Beschädigung schützt eine Abdeckung mit Ziegelsteinen oder ein zusätzliches Panzerrohr aus Kunststoff.

Steckdosen und Schalter für den Außenbereich müssen tropf- und spritzwassergeschützt sein

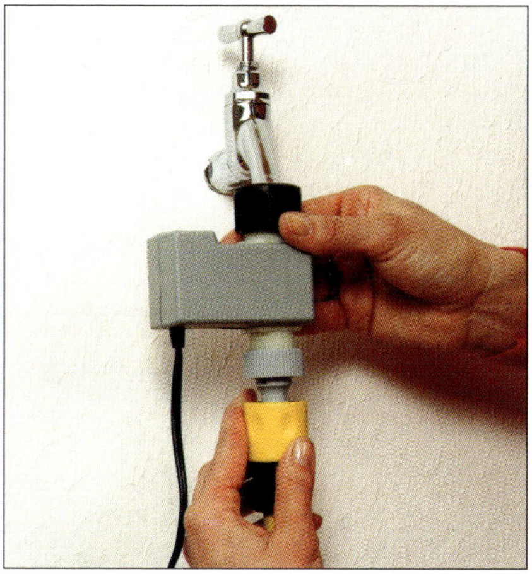

Moderne Bewässerungsautomaten werden elektrisch gesteuert. Planen Sie daher eine Steckdose in der Nähe des Außenwasserhahns

Ein Gartenteich gewinnt durch Springbrunnen und Wasserspiele an Attraktivität. Eine Steckdose zum Anschluss der Teichpumpe sollte daher nicht fehlen

Für Niedrig-Energie-Häuser, bei denen modernste Heizungs- und Lüftungstechnik eingesetzt wird, bietet sich die Elektroinstallation mit Bus-Technik an, um das mögliche Energiespar-Potenzial voll auszuschöpfen

Mit Bus-Installation realisieren Sie das „intelligente Haus"

Wer heute schon die Technik der Zukunft in sein Haus installieren lassen möchte, wird für Dinge wie elektrische Rollläden, Alarmanlagen, Heizungssteuerung, Innen- und Außenbeleuchtung etc. keine so genannten Insellösungen wählen, sondern sich für ein übergreifendes System entscheiden, das alle Einzelelemente und die erforderlichen Mess-, Steuer- und Regelvorgänge hausumspannend verbindet.

TIPP

Adressen von Fachfirmen für Bus-Installation finden Sie im Internet unter instabus.de

Die Industrie hat hierfür Bus-Systeme entwickelt. Bus steht für „binary unit system". Bus-Systeme bringen eine Vereinfachung der Verdrahtung und erhöhen gleichzeitig Bedienungskomfort und Nutzungsmöglichkeiten. Was ist denn eigentlich ein Bus-System? Bei konventioneller Verdrahtung wird bei der Elektroinstallation eines Hauses pro Funktion, pro Schaltkreis eine separate Leitung verlegt. Bei einem Bus-System gibt es zwei Kreise: den Lastkreis mit 230 V und den Steuerkreis mit 24 V Gleichspannung. Der Lastkreis versorgt den Verbraucher (Leuchte, Rollladenmotor etc.) mit elektrischer Energie. Der Steuerkreis regelt das Wie und Wann. Es werden verschlüsselte Befehle über eine einzige, gemeinsame Busleitung an die Verbraucher geschickt.

In Deutschland haben mehrere Firmen gemeinsam den so genannten instabus entwickelt. „insta" steht dabei für Installation und „bus" für Bussystem. Bekannt ist auch das Kürzel EIB für „European Installation Bus". Seit der globalen Normung wird auch von „Electrical Installation Bus" gesprochen.

Statt Tastern oder Schaltern werden bei der Bus-Installation Tastsensoren für die Lichtsteuerung eingebaut bzw. Sensoren für Helligkeit, Temperatur oder Windstärke. Diese Sensoren nehmen Informationen auf, bilden daraus digitale Bus-Telegramme, die über die Steuerleitung an so genannte Aktoren geschickt werden. Diese wiederum wandeln dann das empfangene Bus-Telegramm in eine Schalt-, Steuer- oder Dimmfunktion um. So können Sie beispielsweise von einer oder mehreren Stellen aus mit einem Knopfdruck (Panikschalter) die gesamte Hausbeleuchtung einschalten – wenn etwa ein Einbrecher vermutet wird. Eine andere Funktion: Außenmarkisen werden bei entsprechender Schaltung bei starkem Wind oder bei Regen vollautomatisch eingefahren.

Besonders komfortabel sind die Funktionen im Bereich der Beleuchtung. Mit einem einzigen Knopfdruck stellen Sie die gewünschte, vorab programmierte Lichtszene ein, die genau zur jeweiligen Situation passt. Es müssen nicht mehr nacheinander verschiedene Schalter und Dimmer einzeln betätigt werden.

Über ins System integrierte spezielle Fensterkontakte können sogar Alarmmeldungen abgesetzt werden. So wird das Bus-System zur kostengünstigen Alarmanlage. Sie können bestimmte Funktionen des Bus-Systems auch per Telefon aktivieren. Per telefonischer Fernabfrage wird beispielsweise geprüft, ob die Alarmanlage eingeschaltet ist oder ob sie bei Scharfschaltung angesprochen hat. Ebenso können Sie schon auf der Heimreise aus dem Urlaub die zuvor abgesenkte Heizung durch einen telefonisch übermittelten Befehl wieder hochfahren. So sparen Sie wertvolle Heizenergie.

Die Bus-Installation ist natürlich mit zusätzlichen Kosten verbunden und muss aufgrund der komplizierten Technik dem Fachmann überlassen bleiben. Sie sparen damit aber auf Dauer Energie und schaffen eine Erhöhung der Wohnqualität, die durch Insellösungen viel teurer erkauft werden muss und niemals gleichwertigen Standard bietet.

Ihr perfektes Einsatzgebiet findet die Bus-Technik in Niedrig-Energie-Häusern. Dort können dann alle technischen Abläufe im Gebäude gesteuert werden.
Auf Tastendruck fahren alle Rollläden nach oben oder unten. Gleichzeitig werden alle nicht benötigten Beleuchtungen und Verbraucher abgeschaltet, die Heizungsvorlauftemperatur geht auf „Standby“ usw.

Schalterkombination, mit der man Beleuchtung und Jalousien nach vorher getätigter Programmierung bedienen kann

Die Heizungsanlage kann im „intelligenten Haus“ mit Bus-Installation bei Bedarf aus der Ferne per Telefon oder übers Internet gesteuert werden

Blitz- und Überspannungsschutz

Die häufigste Ursache für Überspannungsschäden ist Blitzeinschlag. Ein Blitz stellt eine sehr schnelle Entladung einer hohen elektrischen Energie zwischen Wolkenschichten und der Erde dar.
Ein extrem hoher Strom fließt dabei durch den engen so genannten Blitzkanal.
Die Folge sind bei Einschlag in Gebäude mechanische Schäden, Brandschäden und Schäden an elektrischen und elektronischen Einrichtungen. Wirksamen Schutz gegen direkten Blitzeinschlag bieten nur fachmännisch installierte Blitzschutzanlagen mit entsprechenden Fangeinrichtungen (siehe unten).

Doch selbst wenn eine Blitzschutzanlage vorhanden ist, kann es dennoch zu Überspannungsschäden durch in der Nachbarschaft niedergehende Blitze kommen. Der Blitzstrom baut nämlich ein extrem hohes magnetisches Feld auf, das in den Leitungen des Hauses zu Schäden führen kann.

Schutzmaßnahmen gegen Überspannungsschäden

Man kann sich gegen Blitzeinschlag und Überspannungsschäden versichern. Wer wertvolle elektronische Geräte in seinem Haus betreibt, tut allerdings gut daran, sich zunächst durch geeignete technische Maßnahmen zu schützen.

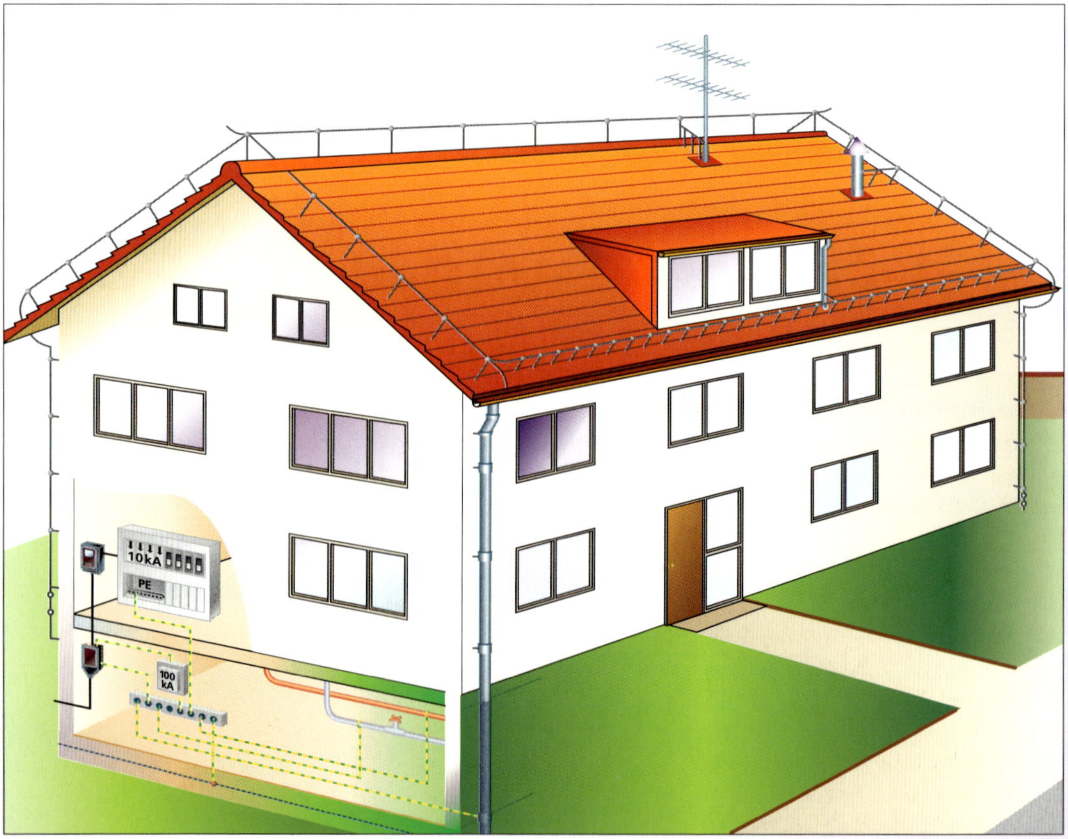

Äußere Blitzschutzanlage und Potenzialausgleich bei einem Wohnhaus

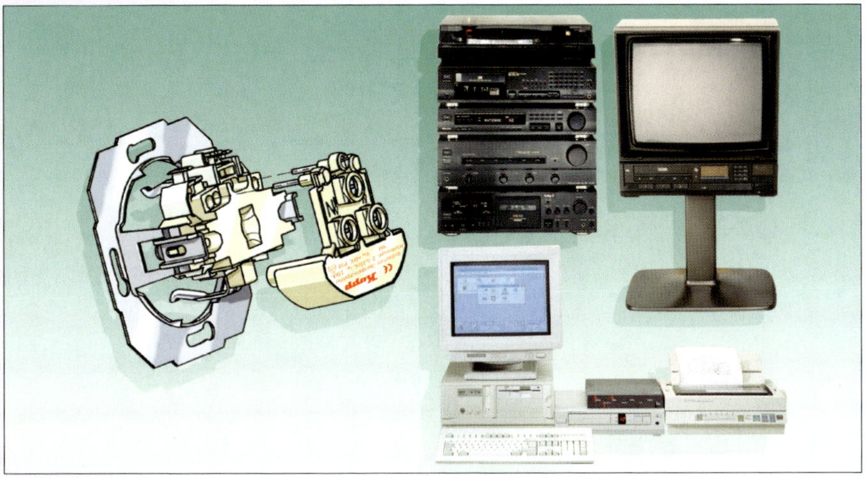

Direkt an der Steckdose lassen sich Überspannungsimpulse auf für die angeschlossenen Verbraucher ungefährliche Werte begrenzen. Wird der Geräteschutz-Überspannungsfilter durch einen sehr energiereichen Überspannungsimpuls zerstört, signalisiert dies die optische Ausfallanzeige.
Die Netzspannung bleibt erhalten, die angeschlossenen Elektrogeräte bleiben in Betrieb.
Das Überspannungsschutzmodul auf der Rückseite der Steckdose muss allerdings ausgetauscht werden

In exponierten Lagen empfiehlt es sich, einen äußeren Blitzstromableiter am Gebäude installieren zu lassen. Wichtig ist auch ein durchgehender Potenzialausgleich im Gebäude. Diese Schutzmaßnahme ist durch die einschlägigen Normen ohnehin gefordert, wird oft aber nicht konsequent ausgeführt. Dies sollte durch einen Fachmann überprüft werden.

In die Stromkreis- oder Etagenverteiler der Hausinstallation sollte zusätzlich eine Überspannungsschutzeinrichtung installiert werden. Antennenleitungen und eventuell vorhandene Datenleitungen sollten ebenfalls einen Überspannungsschutz erhalten. Entsprechende Einrichtungen werden direkt am zu schützenden Gerät montiert.

Endgeräte wie Computer, Fernseher etc. sollten über Steckdosen mit integriertem Überspannungsschutz noch einmal separat geschützt werden. Es gibt auch Zwischenstecker und Steckdosenleisten mit integriertem Überspannungsschutz. Für den Anschluss von PC und Telefon bekommt man kombinierte Steckdosenleisten, die wahlweise eine ISDN-Schnittstelle oder eine Datenschnittstelle (für PC) besitzen. Für den Bereich der Informationsübertragung werden auch Kombigeräte angeboten, die den Vorteil haben, dass kein besonderer Potenzialausgleich vorgenommen werden muss, da der Schutzleiter stets vorhanden ist. Die zu schützenden Geräte werden nur noch eingesteckt.

Erfahrungsgemäß ist wirksamer Blitz- und Überspannungsschutz eine Aufgabe für spezialisierte Fachbetriebe. Bei VdS-Schadenverhütung (Amsterdamer Str. 174, 50735 Köln) kann man eine Liste von Spezialfirmen bekommen, die derartige Anlagen fachgerecht planen und ausführen.

Die Praxis der Elektroinstallation

Bei der Installationsarbeit kann man als Heimwerker selbst Hand anlegen – am besten in Zusammenarbeit mit einem Profi, der die Planung und die Anschlüsse am Sicherungskasten übernimmt

Heimwerker und Elektrofachmann können zusammenarbeiten

Wie bereits angesprochen wurde, sollte die Planung einer umfangreichen Neuinstallation auf jeden Fall einem Fachmann überlassen werden. Aber wenn die Planung dann steht und es um die konkrete Verlegung der Leitungen in Wänden und Decken, das Herstellen von Dosenlöchern usw. geht, ist der Elektriker eigentlich völlig unterfordert. Vorzugsweise werden für diese Arbeiten dann auch Handlanger oder Lehrlinge eingesetzt. Die Stundenlöhne liegen trotzdem hoch, sodass sich durch Eigenleistung ein schöner Batzen Geld sparen lässt.

Ein gutes Beispiel für den Einsatz von Eigenleistung in Zusammenarbeit mit Elektrofachbetrieben bieten die renommierten Anbieter von Bausatz- und Ausbauhäusern. Dort hat sich die Kooperation zwischen Heimwerker und Elektromeister längst erfolgreich etabliert.

Wenn es beim Bausatz- oder Ausbauhaus an die Elektroinstallation geht, bekommt der Do-it-yourselfer ein Paket mit allen erforderlichen Materialien sowie eine ausführliche Verlegeanleitung. Je nach Anbieter werden auch konkrete Einweisungen auf der Baustelle vorgenommen. Der Bauherr weiß dann genau, wo er welche Leitung einzuziehen hat. Nach Abschluss dieser Arbeiten kommt dann der Elektrofachmann auf die Baustelle, prüft die Verlegung, verdrahtet die Leitungen und stellt die Anschlüsse an den Zählerkasten her. Bei dieser Arbeitsteilung geht der Bauherr auf Nummer sicher und der Elektriker kann sich auf seine eigentlichen Fachtätigkeiten konzentrieren. Beide Parteien profitieren von dieser Zusammenarbeit.

Leitungen auf Putz verlegen

1 Wenn Sie die Kabel in Schutzrohren verlegen wollen, werden die zum Rohrdurchmesser passenden Schellen angedübelt

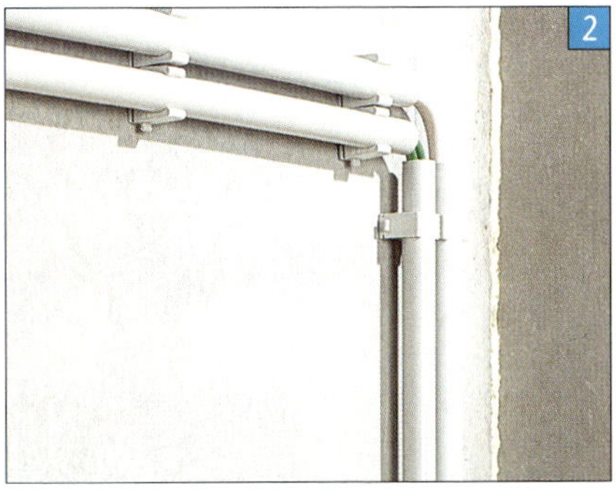

2 Dann die Rohre ablängen, einklemmen und die Kabel durchziehen

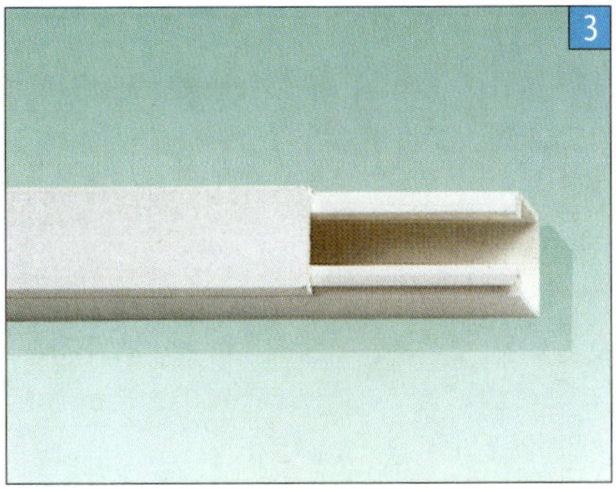

3 Alternativ lassen sich Kabel in geschlossenen Kunststoffkanälen verlegen

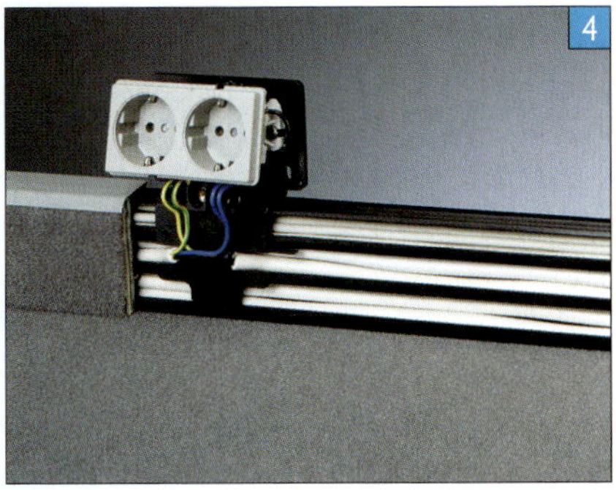

4 Hier ein Kabelkanal, der als Fußleiste angebracht wird. Passend dazu gibt es Aufsätze mit Steckdosen

Installationen in Ausbauhäusern

Elektroinstallation im Ausbauhaus: Für die Kabeldurchführungen bohrt man Löcher durch die senkrechten Ständerbalken (1). Mit der Lochsäge schneidet der Bauherr Aussparungen für die Hohlwanddosen (2)

Ist eine Seite einer Ständerwand beplankt, muss man die Dosenlöcher der Gegenseite vor der Montage der Platten herstellen (3). Dann Hohlwanddosen einsetzen und die Klemmschrauben anziehen (4)

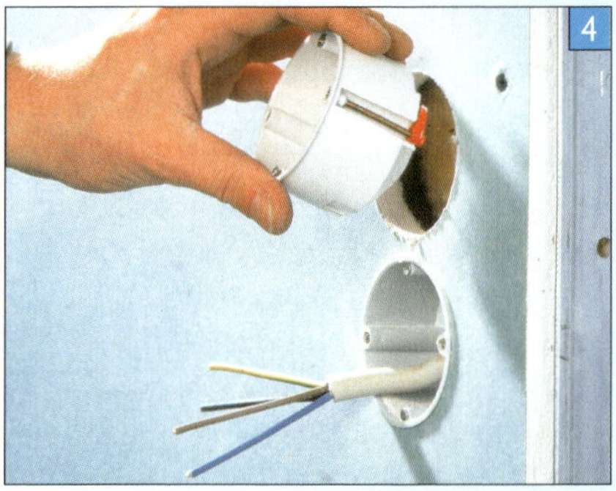

In einer Metallständerwand mit beidseitiger Gipskartonbeplankung lassen sich Elektroinstallationen problemlos unterbringen. Die Metallständer haben vorbereitete Öffnungen zum Durchführen der Leitungen

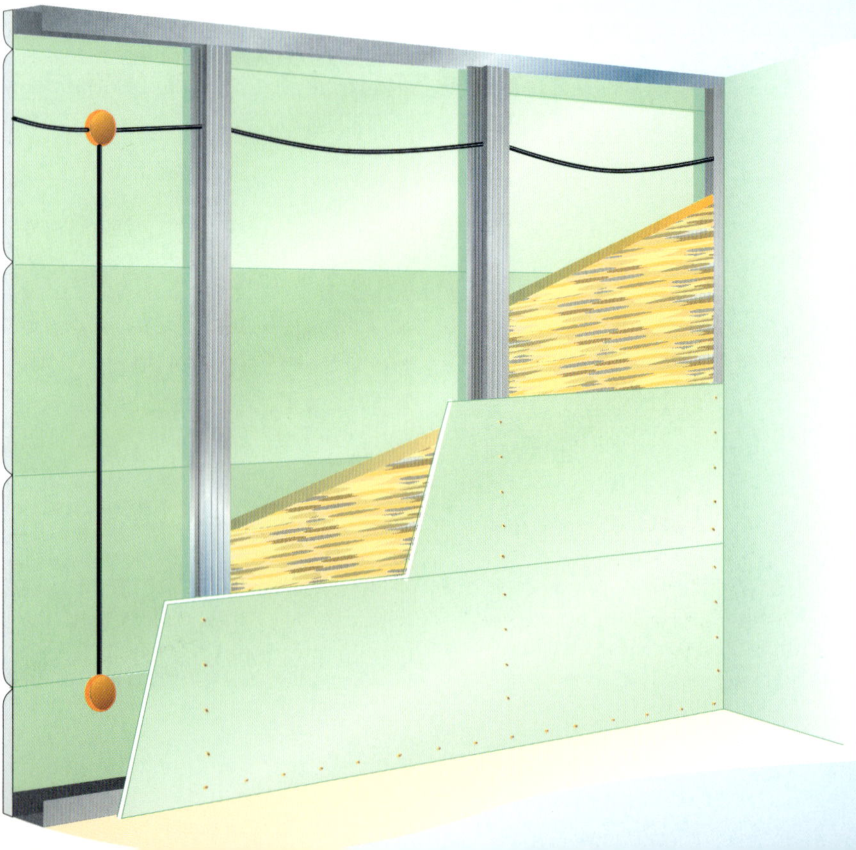

Leitungsführung beim Trockenausbau mit Gipsplatten

Die meisten Ausbauhäuser sind so genannte Fertighäuser, deren Decken und Wände in Trockenbauweise hergestellt werden. Bei den tragenden Wänden sind es Ständerwerke aus Holz, die das tragende Gerüst darstellen. Daneben werden nicht tragende Wände häufig mit Ständerwerken aus Metallprofilen errichtet.
Das Verlegen von Elektroleitungen ist in beiden Fällen ein Kinderspiel. Bei Holzständerwänden werden die Balken der zunächst nur einseitig beplankten Wände überall da durchbohrt, wo ein Kabel einzuziehen ist. Bei Wänden mit Metallständern finden Sie in den Profilen bereits vorgestanzte Löcher, die man für die Verlegung nutzen kann. Zum Einsetzen der erforderlichen Verteiler- und Gerätedosen, schneidet man mit einer passenden Lochsäge Aussparungen in die Gipskartonbeplankungen. Sollen mehrere Dosen nebeneinander montiert werden, benutzt man eine Bohrlehre, die für Abstände im Rastermaß der Dosen sorgt.

Die Möglichkeit, die Elektroinstallation komplett neu auszuführen bzw. zu ergänzen, bietet sich auch, wenn Sie Wände und Decken mit Holz verkleiden und dabei entsprechende Hohlräume entstehen.
Die Zeichnungen auf dieser Seite zeigen, wie Leitungen hinter Holzwänden geführt und Dosen eingesetzt werden.

TIPP

Denken Sie beim Abmessen der Installationshöhen vom Rohboden eines Neubaus aus immer daran, dass die Normmaße sich auf den Abstand zum Fertigboden beziehen. Man muss also Trittschalldämmung und Estrich dazurechnen

Elektroinstallationen in Holzwänden

Mit der Lochsäge von 58 mm Durchmesser schneiden Sie die Dosenlöcher

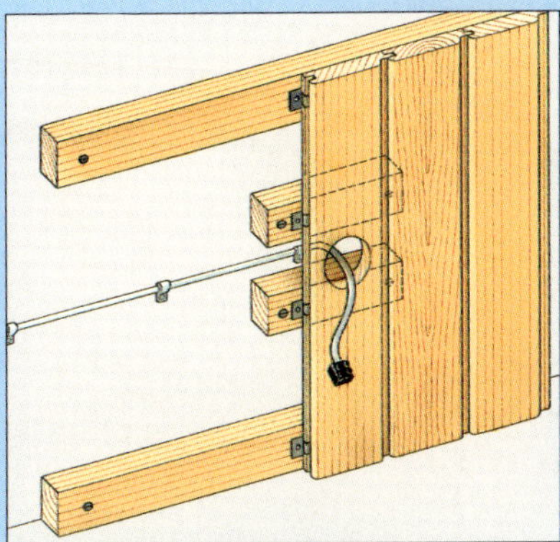

In die so vorbereitete Holzwand können Sie die Hohlwanddose einsetzen

Werden Decken oder Wände mit Holzverkleidungen versehen, lassen sich die dabei entstehenden Hohlräume für die Unterbringung neuer Leitungen nutzen. Fragen Sie den Fachmann aber, ob eventuelle zusätzliche Brandschutzmaßnahmen erforderlich sind, und überlassen Sie ihm am besten wiederum die Verdrahtung der Dosen, Schalter usw.

Unterkonstruktion und Leitungsführung bei einer holzvertäfelten Decke

Stegleitungen

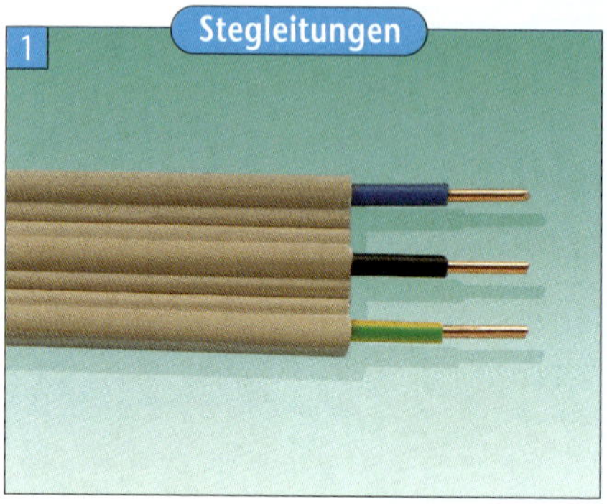

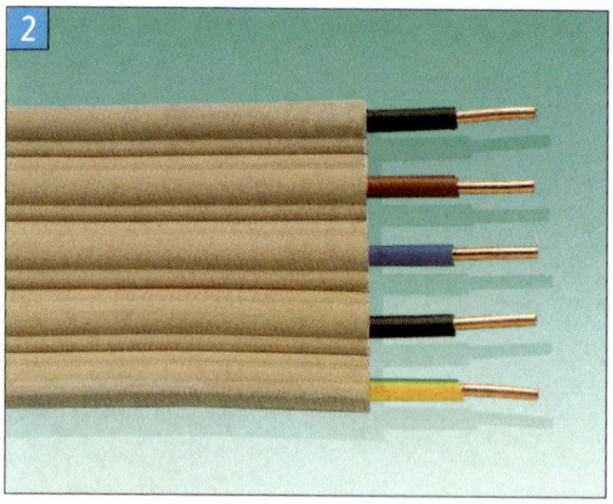

Stegleitungen mit drei Adern (1) oder fünf Adern (2) können direkt aufs Mauerwerk genagelt werden. Der anschließende Putzauftrag verdeckt die Leitungen vollständig

Leitungsführung bei massiven Wänden

Während das Herstellen von Wand und Deckendurchführungen bei Fertighäusern und allgemein beim Trockenausbau mit einfachen Werkzeugen durchgeführt werden kann, brauchen Sie bei massiven Wänden und Decken entsprechendes Profiwerkzeug. Da sind Mauernutfräser zu nennen, die mit zwei nebeneinander liegenden diamantbestückten Sägeblättern Schlitze in Mauerwerk und Betonwände schneiden. Und für Dosenlöcher gibt es Bohrkronen, die, auf den Bohrhammer gesteckt, selbst härtesten Beton knacken. Beide Werkzeuge sind nicht gerade billig, sodass sich die Anschaffung nur bei größeren Bauvorhaben lohnt. Es gibt heute aber eine Vielzahl von Werkzeugverleihern, bei denen man diese Geräte gegen Gebühren ausleihen kann.

Die Mauernutfräse kann direkt an eine Staubabsaugung angeschlossen werden. Von Dose zu Dose werden hier Schlitze in eine massive Ziegelwand geschnitten

Installationen in Porenbeton

Die Positionen zweier Schalterdosen werden abgemessen und markiert (1). Die Spezial-Lehre sorgt dafür, dass die Abstände der Löcher für die Installationsdosen im Rastermaß liegen. Sie hat eine Lamelle wie eine Wasserwaage (2)

Die Bohrkrone schneidet exakte Löcher in den Porenbeton. Da dieses Steinmaterial sehr weich ist, wird grundsätzlich ohne Schlagwerkzuschaltung gebohrt

Neuinstallationen in Häusern mit Wänden aus Porenbeton

Der bei Selbstbauern sehr beliebte Baustoff Porenbeton ist zwar massiv, aber dennoch so weich, dass hier Leitungsschlitze und Dosenlöcher problemlos hergestellt werden können.

Zur Not lässt sich der Schlitz für ein Elektrokabel in den dafür vorgesehenen Installationszonen mit einem stabilen Schraubendreher in die Steine kratzen. Ein Dosenloch können Sie mit Hammer und Stemmeisen herstellen.

Den stehen gebliebenen Stein im Zentrum der Bohrung können Sie leicht mit dem Meißel wegstemmen. Auch ein altes Stemmeisen eignet sich für diese Arbeit

Entlang der Markierung wird die Mauernutfräse vom ersten Dosenloch zur nächsten Dose geführt. So entstehen die Schlitze für die einzugipsenden Leerrohre (5). Den verbleibenden Steinsteg mit dem Meißel wegstemmen (6)

Schneller, sauberer und exakter geht es natürlich mit Spezialwerkzeugen: Sie brauchen eine leichte Mauernutfräse und Bohrkronen für Porenbeton. Beides ist im Gegensatz zu den entsprechenden Werkzeugen für Ziegel- und Betonwände deutlich preiswerter, sodass sich die Anschaffung für das eigene Bauvorhaben durchaus lohnt.

Die Fotos von Seite 45–47 zeigen Ihnen Schritt für Schritt, wie Sie in einer Wand aus Porenbeton Leitungen verlegen und Dosen einsetzen.

Nach den in der Bauplanung vorgegebenen Abständen zu Böden und Decken (siehe auch Grafik Seite 32) werden zuerst die Dosenlöcher angezeichnet. Wer sich hier unsicher ist, bittet seinen Elektrofachmann die Markierungen mit einem dicken Filzstift direkt auf der Wand vorzugeben, damit man nichts falsch machen kann. Damit nebeneinander liegende Dosen waagerecht bzw. lotrecht im korrekten Rasterabstand eingebaut werden, benutzt man zum Anreißen der Bohrlöcher eine spezielle Lehre (Bild 2) mit einer Wasserwaagenlamelle.

Die hier gezeigten Dosen können genau im Rasterabstand aneinander gesteckt werden. Man fixiert sie mit je einem Batzen Gips in den Löchern (7). In den Schlitz kommt ein Leerrohr, das man in die Dose einführt. Dann die Dosen eingipsen (8)

Die Leitungsdrähte einziehen

1 Die verschiedenfarbigen Leitungsdrähte haken Sie in die zuvor in das Leerrohr geschobene Einziehspirale ein. Welche Drähte in welches Leerrohr kommen, hat der Elektriker, der die Planung übernommen hat, zuvor festgelegt

Der Zentrumsbohrer der Bohrkrone wird dann nur noch auf die angezeichnete Markierung gesetzt, und schon schneidet sich das Werkzeug in den Stein. Ist die vorgesehene Tiefe erreicht, schaltet man die Bohrmaschine ab und zieht das Werkzeug heraus. Der Bohrkern wird dann mit Hammer und Meißel weggestemmt.

Ebenso leicht schneiden Sie die Schlitze mit einer Mauernutfräse. Das zwischen den beiden Schnitten stehen bleibende Steinmaterial wird weggestemmt.

Sind die Dosen und – wie auf unseren Bildern gezeigt – die Leerrohre eingegipst, geht es ans Einziehen der Leitungsdrähte. Dabei hilft eine flexible Einziehspirale aus Kunststoff, an deren Ende man die Drähte festmachen kann. Vor dem Verputzen die Dosen mit Kunststoffdeckeln schließen.

2 Die Drahtenden dabei lang umknicken, damit sie nicht aus der Öse rutschen. Falls erforderlich, kann man die Drahtenden auch noch verdrillen

3 Die Drähte zum Schluss ausreichend lang aus der Dose hängen lassen, damit sie problemlos abisoliert und dann verklemmt werden können

Abisolieren

Beim Kabelmesser wird die Mantelleitung unter den Bügel geklemmt und dann quer oder längs gedreht. Dabei ritzt die Klinge die Ummantelung an

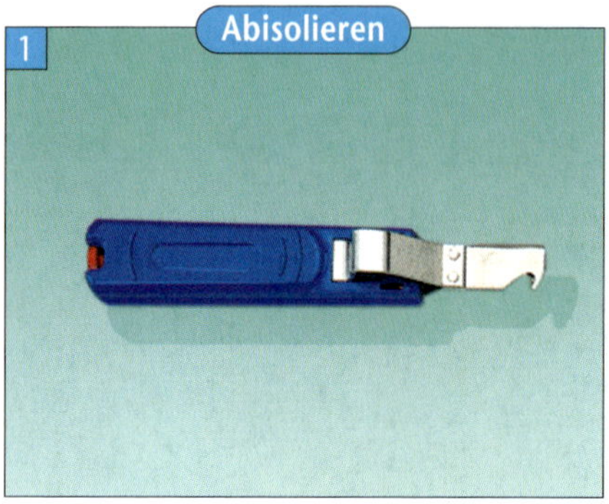

Mit dem Dosen-Entmanteler können Sie Mantelleitungen, die aus einer Dose herausgeführt werden, sauber bis zum Dosenboden von der Ummantelung befreien

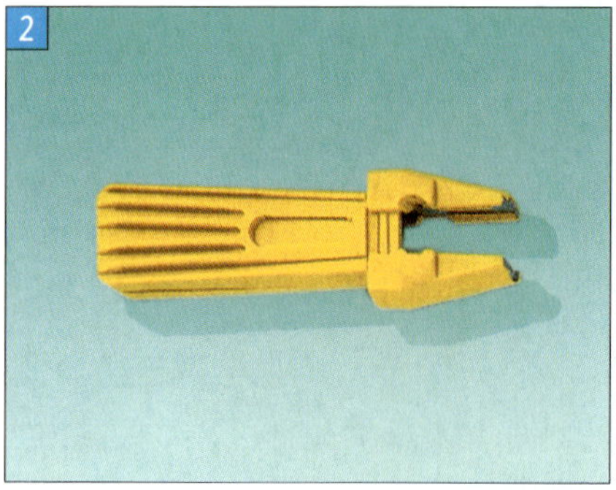

Diese Abisolierzange besitzt einen Anschlag, mit dessen Hilfe man genau festlegen kann, wie weit die Ader frei gelegt werden soll

Die Universal-Abisolierzange kann für Elektroadern wie auch für Antennenkabel (Bild) benutzt werden

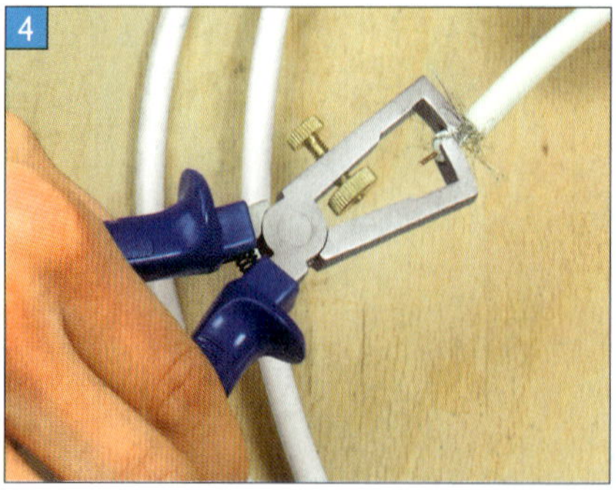

Das Verdrahten der Leitungen

Leitungen dürfen nur in den dafür vorgesehenen Dosen oder Kästen miteinander verbunden werden. Dafür gibt es Leitungsklemmen, die im Gegensatz zu Lüsterklemmen einen größeren Querschnitt haben, sodass sich mehrere Drähte zusammenklemmen lassen. Nicht fest angezogene Leitungsklemmen führen zu Wackelkontakten, die sich häufig durch Rundfunkstörungen bemerkbar machen. Es kann auch zu einer Erwärmung der Verbindung kommen. Im schlimmsten Fall sind mangelhafte Klemmverbindungen die Ursache für Leitungsbrände.

Alternativ zu den Schraubklemmen kann man auch schraubenlose Steckverbindungsklemmen benutzen (Bild rechte Seite oben). Die etwa 10 mm weit abisolierten Adern schieben Sie fest in die Öffnungen der Steckverbindungsklemmen. Dabei entsteht eine zug- und rüttelsichere elektrische und mechanische Verbindung.

Die Verteiler- oder Abzweigdosen, in denen man Adern miteinander verbindet, haben in der Regel einen Durchmesser von 70 mm. Sie sind nicht für die Aufnahme von Steckdosen und Schaltern geeignet. Auf dem Installationsplan finden Sie die Abzweigdosen jeweils senkrecht über Schaltern und Steckdosen.

Die so genannten Gerätedosen für Schalter und Steckdosen haben nur einen Durchmesser von 58 mm. In diesen Dosen dürfen Leitungen nicht miteinander verbunden werden. Eine Ausnahme bilden Geräteverbindungsdosen (Abzweigschalterdosen), die deutlich tiefer sind als normale Gerätedosen. In solchen Dosen können dann hinter dem Schalter oder der

Klemmen

1

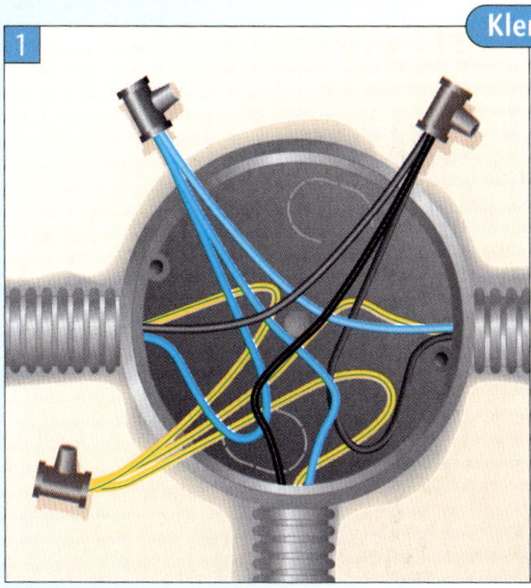

2

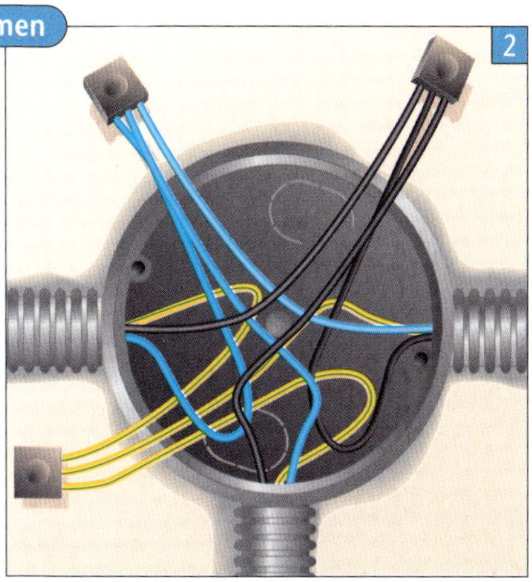

Verbindung der Adern mit Aderklemmen in einer Verteiler- oder Abzweigdose (1). Schraubenlose Steckklemmen erleichtern das Verdrahten in der Dose (2)

Steckdose problemlos noch einige Leitungsklemmen Platz finden.

Wenn man bei der Installation Geräteverbindungsdosen einplant, kann man die Zahl der Abzweigdosen verringern. Der Vorteil: Bei Störungen oder nachträglichen Änderungen der Installation, braucht man nicht auf die Leiter zu steigen und die Tapete zu lösen, um an die jeweilige Abzweigdose zu kommen.

Schalter und Steckdosen werden mit Spreizkrallen in den Gerätedosen befestigt. Die Adern befestigen Sie je nach Bauart mit Klemmschrauben oder führen sie in Steckklemmen ein. Für Schraubklemmen müssen Sie die Adern etwa 10 mm, für Steckklemmen etwa 12 mm weit blank abisolieren.

Vor dem Abisolieren der Adern muss bei Kabeln die Ummantelung abgetrennt werden. Dazu benutzt man ein Kabelmesser oder einen speziellen Entmanteler (Bilder 1 und 2 auf der linken Seite). Die Abisolierzange (Bilder 3 und 4) legt dann die Ader in gewünschter Länge frei, damit sie verklemmt werden kann.

3

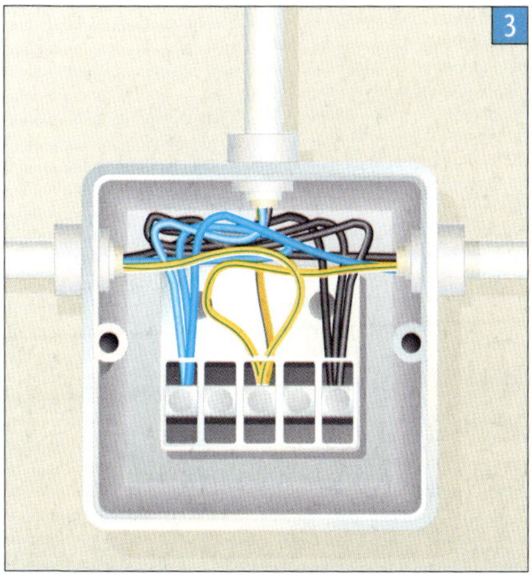

Sehr übersichtlich ist die Verdrahtung in Dosen mit fest eingebauten Klemmleisten

4

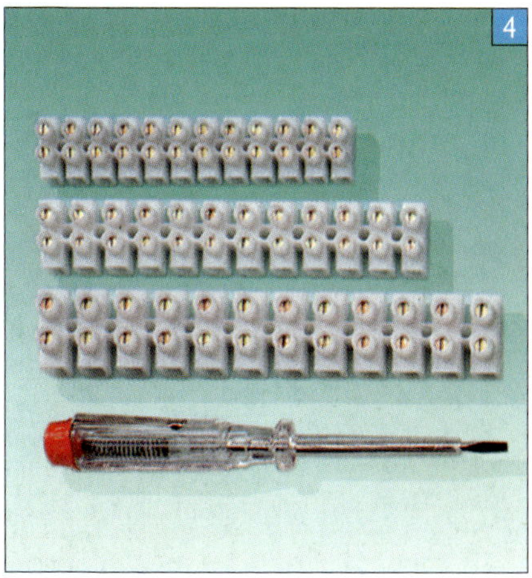

So genannte Lüsterklemmen, die im Gegensatz zu Dosenklemmen zwei Klemmschrauben pro Pol haben, verwendet man meist, um Adern in Leuchten und elektrischen Geräten zu verbinden

Montageschritte

Die Adern von Phase, Nullleiter und Schutzleiter werden bei ausgeschalteter Sicherung an die Klemmen des Steckdoseneinsatzes angeschlossen (1). Dann schiebt man den Einsatz in die Dose und zieht die beiden Spreizkrallen an (2)

Man setzt die Abdeckung der Steckdose auf und dreht die Halteschraube ein (3). Dann die Sicherung des Stromkreises wieder einschalten und den Anschluss wie rechts beschrieben prüfen (4)

Werden mehrere Steckdosen nebeneinander montiert, stellt man Brücken zwischen den Anschlussklemmen her. Man spricht dabei von „Durchschleifen“. Dabei werden jeweils Adern der gleichen Farbe an eine Klemme angeschlossen

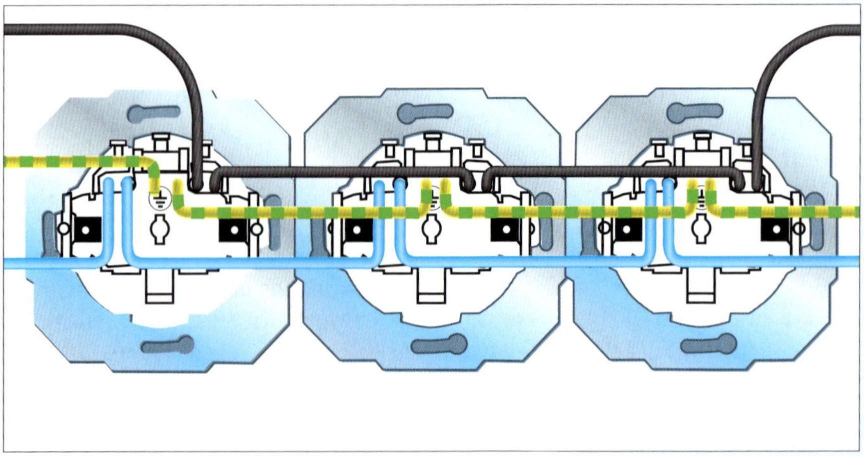

Montage einer Steckdose

Wenn es um den Austausch einer vorhandenen Steckdose geht, sind folgende Arbeitsschritte vorzunehmen: Zuerst wird die Sicherung des betreffenden Stromkreises abgeschaltet bzw. herausgeschraubt, dann überprüft man mit dem Spannungsprüfer, ob tatsächlich keine Spannung mehr an den Steckdosenkontakten anliegt. Sie lösen dann die Steckdosenabdeckung durch Herausdrehen der mittleren Schraube und lockern dann die Schrauben der Spreizkrallen des Einsatzes. Der Steckdoseneinsatz wird herausgezogen und die drei Anschlussklemmen für Phase, Nullleiter und Schutzleiter werden gelöst. Anschließend klemmen Sie die Adern an dem neuen Steckdoseneinsatz an. Wichtig: Der grün-gelbe Schutzleiter darf nur an den Schutzleiteranschluss geklemmt werden, der mit den bei montierter Steckdose offen liegenden Metallkontakten verbunden ist. Die schwarze und die blaue Ader kommen an die Anschlüsse, die zu den Metallzungen für die Steckerstifte führen.

Sind die Kontakte angeklemmt – das heißt fest verschraubt bzw. in die Steckkontakte eingeschoben – schiebt man den Einsatz in die Dose und dreht die Schrauben der Spreizkrallen, bis der Einsatz fest sitzt. Achtung: Die Spreizkrallen dürfen keine in der Dose befindliche Ader einklemmen und beschädigen. Zuletzt wird die Abdeckung aufgeschraubt und die Sicherung eingeschaltet.

Nun prüfen Sie die Funktion der Steckdose. Wer nur einen Einpol-Spannungsprüfer hat, berührt damit nacheinander die Kontakte in den Steckdosenlöchern, während ein Finger den Metallring am Griffende des Prüfgeräts berührt. Die Lampe im Phasenprüfer muss bei Kontakt mit einem der beiden Anschlüsse aufleuchten. Bei anschließender Berührung der offen liegenden Metallkontakte des Schutzleiters muss die Lampe dunkel bleiben.

Noch sicherer ist die Überprüfung mithilfe des Zweipol-Spannungsprüfers. Man hält je eine Prüfspitze in je ein Loch der Steckdose. Dabei muss das Gerät Spannung anzeigen. Beim nächsten Prüfschritt hält man eine Prüfspitze an den Schutzleiterkontakt und berührt mit der anderen Spitze nacheinander die Metallzungen in den beiden Steckdosenöffnungen. Bei einer der Messpositionen muss Spannung angezeigt werden. Eventuell wird bei diesem Test der vorhandene FI-Schalter ausgelöst und schaltet den geschützten Stromkreis stromlos. Da bei dieser Prüfung ein Fehlerstrom fließen soll, ist das Auslösen des FI-Schalters korrekt und bestätigt die ordnungsgemäße Installation.

Bei der Neuinstallation einer Steckdose, beispielsweise bei Erweiterung der vorhandenen Installation, muss zuerst die Verbindung der drei Adern mit einer bereits vorhandenen Verteiler-, Steck- oder Auslassdose hergestellt werden. Hierbei muss der betreffende Stromkreis durch Abschalten bzw. Herausdrehen der Sicherung spannungsfrei geschaltet werden. Dann klemmt man die zur neuen Steckdose führenden Adern an die entsprechenden gleichfarbigen Kontakte in der Dose an.

Das Anschließen des Steckdoseneinsatzes erfolgt dann, wie bereits oben beschrieben. Werden mehrere Steckdosen nebeneinander montiert, klemmt man die Verbindungsadern jeweils mit der gleichfarbigen Ader an eine Klemme (siehe links).

TIPP

Beim Einsetzen von Steckdosen in Hohlwanddosen dürfen die Spreizkrallen nicht benutzt werden. Sie könnten die Dose beschädigen. Zum Befestigen benutzt man hier die in den Hohlwanddosen vorhandenen Geräteschrauben. Sie werden ein wenig herausgedreht und in die Langlöcher des Einsatzes geführt. Dann dreht man sie wieder fest.

Schaltereinbau

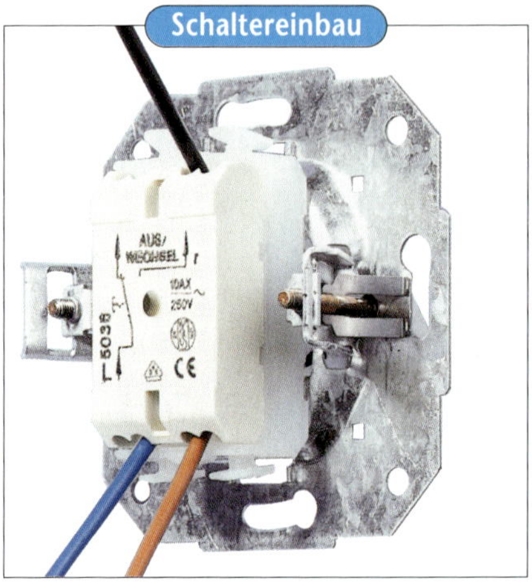

Steckverbindungen erleichtern das Anklemmen der Adern an den Schaltereinsatz

Ein Schalter im Schnitt. Mit den Spreizkrallen verankert man den Einsatz in der Dose

Viele Schalter lassen sich durch Einsetzen einer kleinen Glühlampe zum Kontrollschalter umrüsten, der anzeigt, wenn der Stromkreis geschlossen ist

Lichtschalter für verschiedene Schaltfunktionen

Je nach gewünschter Funktion gibt es verschiedene Arten von Lichtschaltern:

- **Ausschalter:** Dieser am häufigsten verwendete Schalter dient dazu eine oder mehrere Leuchten gleichzeitig ein- oder auszuschalten.
- **Serienschalter:** Mit diesem Schalter, der aus zwei in einem Gehäuse zusammengefassten Ausschaltern besteht, werden zwei Leuchtenstromkreise unabhängig voneinander ein- und ausgeschaltet.
- **Wechselschalter:** Dieser Schaltertyp wird benötigt, wenn man beispielsweise im Schlafzimmer oder in einem langen Flur eine Leuchte von zwei entfernt voneinander liegenden Stellen wechselweise ein- und ausschalten will. Jeder Wechselschalter kann auch als einfacher Ausschalter benutzt werden. Viele Hersteller bieten daher Wechselschalter mittlerweile als so genannte Universalschalter an.
- **Kreuzschalter:** Sollen Leuchten von drei oder mehr Stellen ausgeschaltet werden, braucht man diesen Schaltertyp.

Die Montage eines einfachen Ausschalters ist recht simpel. Man muss nur zwei Adern anklemmen: die schwarze spannungsführende Leitung und eine braune Schaltleitung, die zur Leuchte führt. Ausschalter können auf Wunsch mit einer Kontrollleuchte bestückt werden.

Beim Serienschalter sieht die Verdrahtung ganz ähnlich aus. Es gibt wiederum eine spannungsführende Zuleitung (schwarz) und zwei Schaltleitungen, die zu den Leuchten führen. Diese Schaltleitungen werden durch die zwei unabhängig voneinander wirkenden Schalter betätigt.

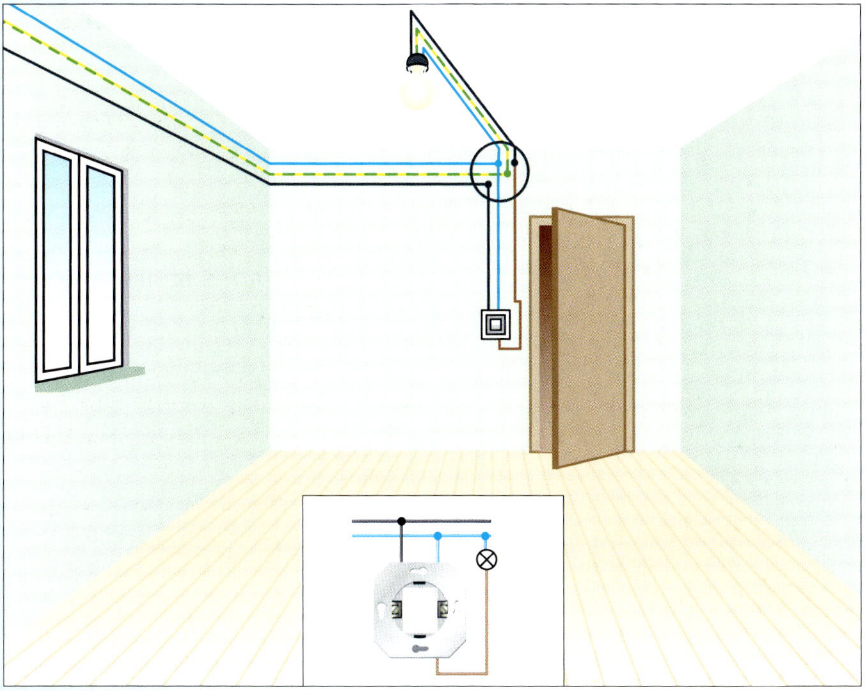

Wirkschaltplan einer Aus-Kontroll-Schaltung. Der Wirkschaltplan zeigt im Gegensatz zum technischen Schaltbild (klein dargestellt) die konkrete Leitungsführung im Raum und ist für den Heimwerker leichter zu lesen

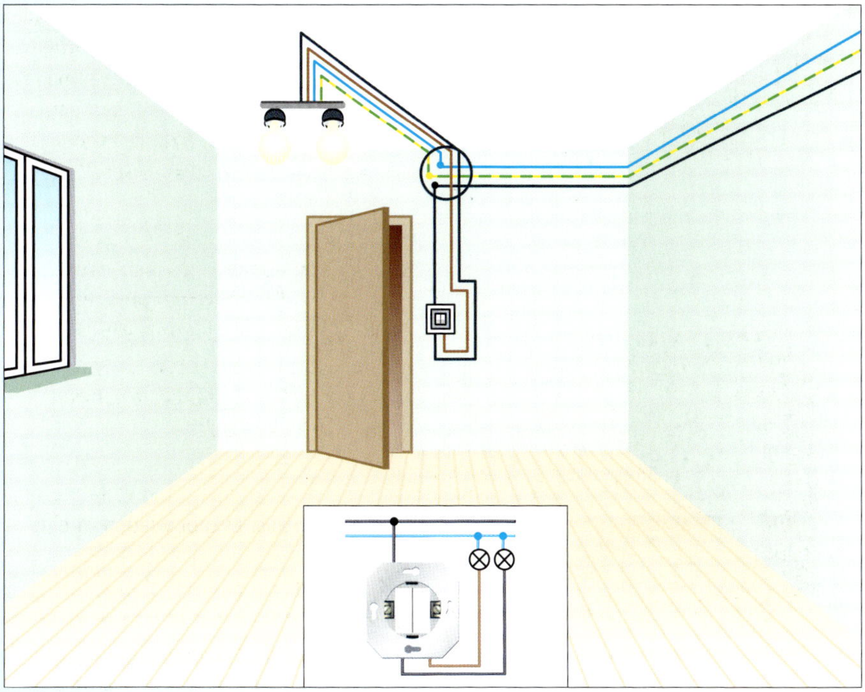

Wirkschaltplan einer Serienschaltung (technisches Schaltbild klein dargestellt)

Wirkschaltplan einer Wechselschaltung (technisches Schaltbild klein dargestellt)

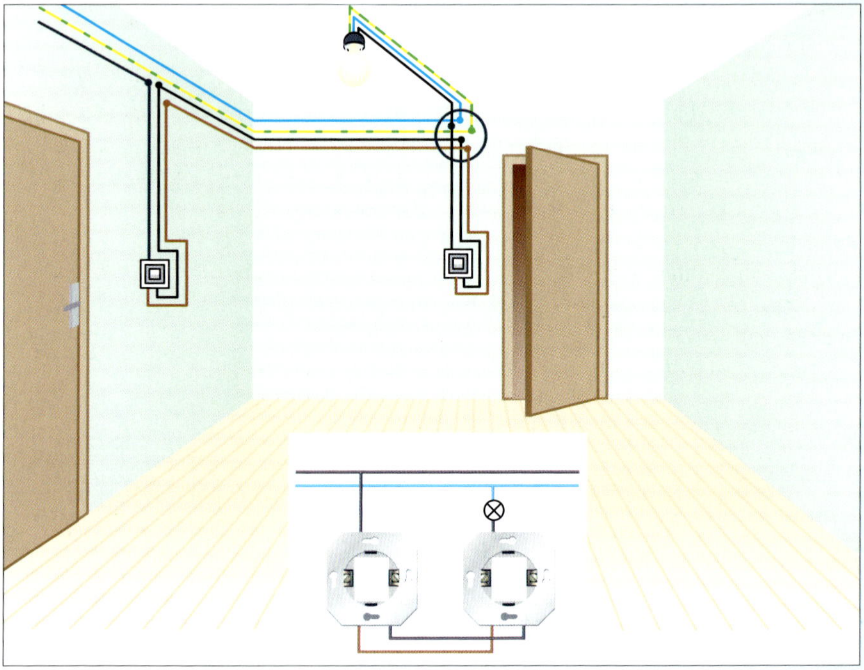

Wirkschaltplan einer Kreuzschaltung (technisches Schaltbild klein dargestellt)

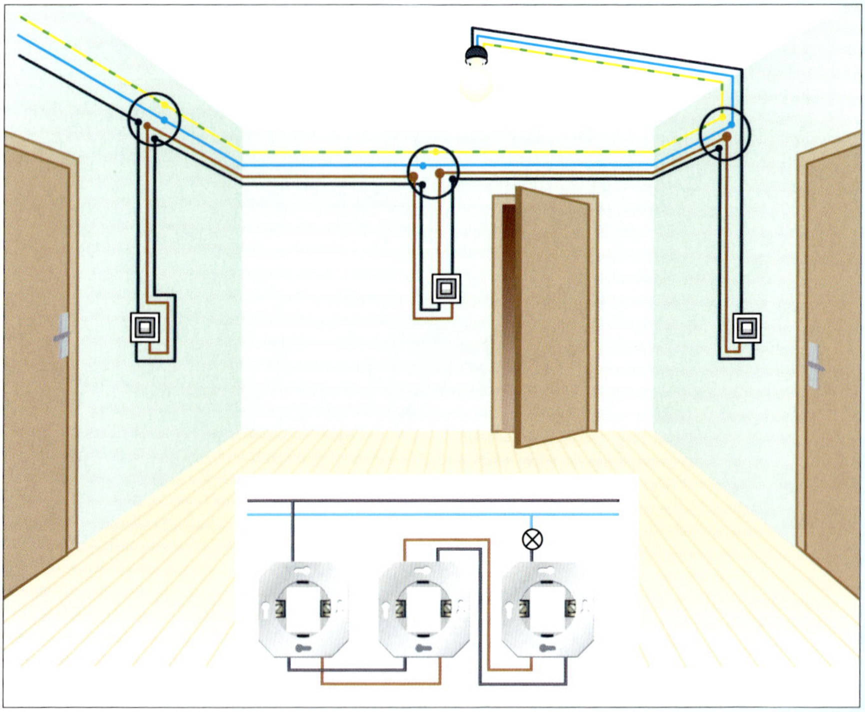

Bei Wechselschaltungen (siehe Darstellung links) werden drei Adern von der Verteilerdose zu jedem Schalter verlegt. Dabei wird der Eingang des einen Schalters an die Phase, also an den stromführenden Leiter angeschlossen. Der Eingang des zweiten Schalters aber führt zum Verbraucher, also der Leuchte, deren anderer Anschluss am Neutralleiter liegt. Die jeweils zwei noch freien Anschlüsse an den Schaltern werden über die Verteilerdosen miteinander verbunden.

Kreuzschalter können nur in Verbindung mit zwei Wechselschaltern verwendet werden (siehe Darstellung links unten). Dabei muss von den Verteilerdosen zu jedem Kreuzschalter eine vieradrige Verbindung geschaffen werden. Zu den Wechselschaltern reicht eine dreiadrige Verbindung wie bei der Wechselschaltung.

Stromstoß- oder Fernschalter

Die zuvor gezeigten Wechsel- oder Kreuzschaltungen haben den Nachteil, dass zu den einzelnen Schaltern drei oder vier Leiter geführt werden müssen. Es gibt allerdings auch eine einfachere Lösung: den Einbau eines Stromstoß- oder Fernschalters. Der Stromstoßschalter arbeitet in Verbindung mit Tastern. Zu jedem Taster müssen nur zwei Adern geführt werden (siehe Darstellung unten). Daher ist diese Installation oft für Altanlagen die günstigere Lösung. Der Stromstoßschalter kann in einer Verteilerdose sitzen, oder er wird (bei Neuanlagen) in den Verteilerschrank integriert. Der stromführende Leiter wird an 1, der zweite, der nach dem Schalten den Strom zur Leuchte führt, an 2 angeschlossen. Nullleiter und Schaltstromleiter (braun) an A1 bzw. A2 anschließen.

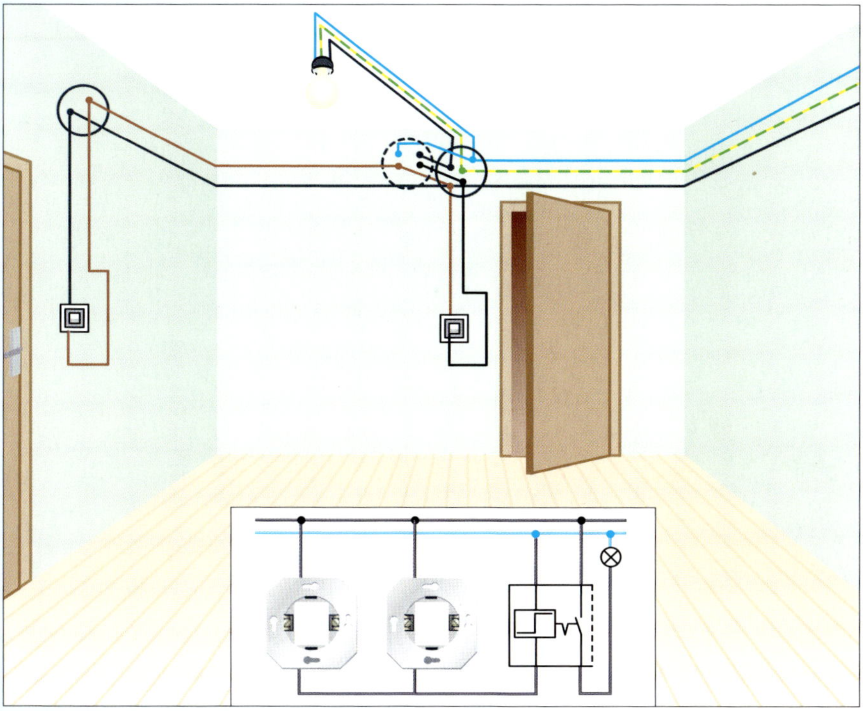

Wirkschaltplan für den Einbau eines Stromstoßschalters (technisches Schaltbild klein dargestellt)

Dimmer regeln die Helligkeit von Leuchten

Dimmer sind elektronische Helligkeitsregler, mit denen sich Leuchten stufenlos heller oder dunkler einstellen lassen. Bei geringerer Helligkeitseinstellung wird Energie gespart und die Lebensdauer der Leuchtmittel wird erhöht. Für einen einwandfreien Betrieb der Dimmer ist es wichtig, dass die angegebene Minimalleistung nicht unterschritten und die Maximalleistung nicht überschritten wird. Helligkeitsregler arbeiten nach zwei unterschiedlichen Prinzipien:

- **Phasenanschnittsteuerung:** Dabei wird die Sinuswelle des Wechselstroms am Anfang beschnitten und so die zur Verfügung gestellte Leistung reduziert (siehe Grafik 1).
- **Phasenabschnittsteuerung:** Dabei wird das Ende der Sinuswelle verändert und so eine Leistungssteuerung ermöglicht.

Je nach Leuchtmittel müssen verschiedene Dimmer eingesetzt werden. Für Glühlampen und Hochvolt-Halogenlampen sind Phasenanschnitt- oder Phasenabschnittdimmer geeignet. Für Niedervolt-Halogenlampen mit konventionellen Transformatoren braucht man Phasenanschnittdimmer. Für Niedervolt-Halogenlampen mit dimmbaren elektronischen Transformatoren dagegen muss man Phasenabschnittdimmer einsetzen.

Dimmer sind nicht nur als Ausschalter, sondern auch als Wechselschalter erhältlich. In einer Wechselschaltung kann einer der beiden Schalter ein Dimmer sein. Auch wenn der normale Wechselschalter betätigt wird, hat das Licht die am Dimmer eingestellte Stärke. Ebenso kann in eine Kreuzschaltung ein Dimmer zusammen mit den Wechselschaltern installiert werden. Die Lichtstärke richtet sich wieder nach dem Dimmer, ganz gleich, wo geschaltet wird.

Eine weitere Möglichkeit ist der Einbau eines „Dimmat" (Markenname). Dies ist ein elektronischer Sensordimmer, der die gleiche Schaltwirkung wie ein Stromstoßschalter hat. Er wird zusammen mit einem oder mehreren Tastern installiert. Durch kurze Berührung der Sensoroberfläche schaltet man den Dimmat ein. Das Licht leuchtet mit maximaler Helligkeit. Längeres Berühren der Sensorfläche bewirkt die Dimmfunktion. Wird der Lichtstromkreis mit einem in Kombination mit dem Dimmat installierten Taster ein- oder ausgeschaltet, verhält sich die Schaltung wie die weiter oben beschriebene Stromstoßschaltung.

Abbildung 1: Phasenanschnittsteuerung.

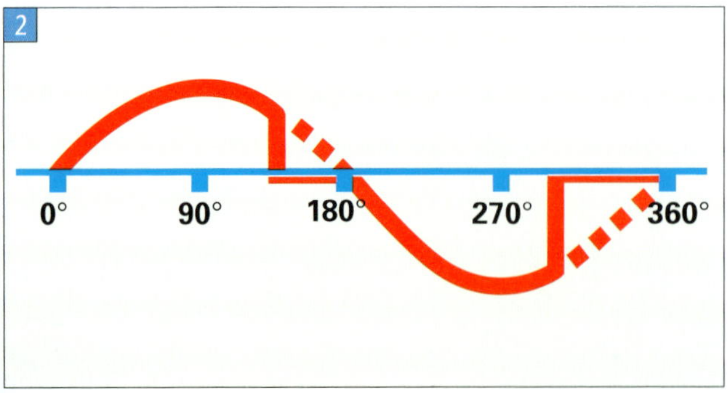

Abbildung 2: Phasenabschnittsteuerung

Dimmerschaltungen

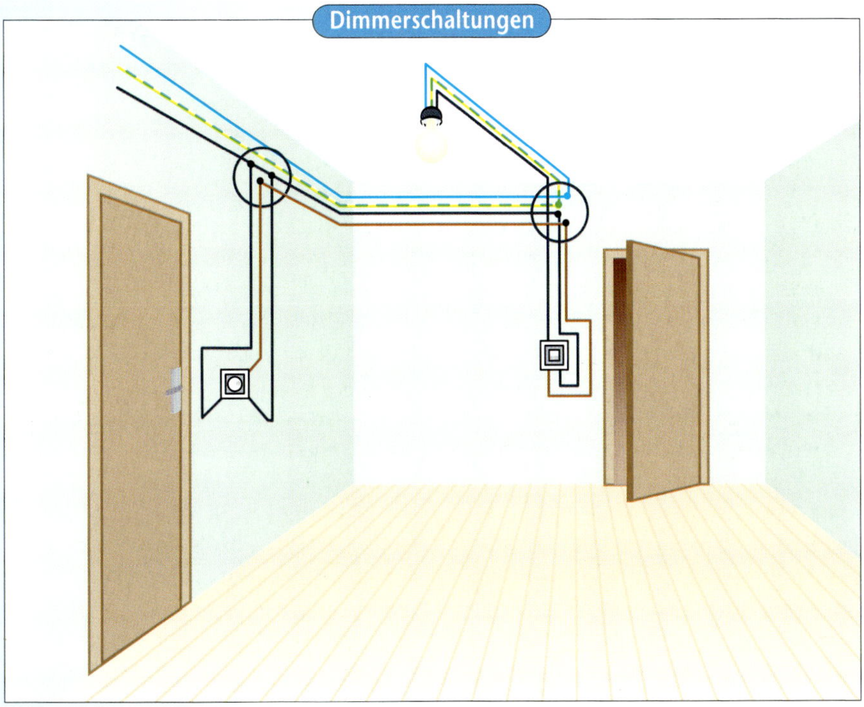

Wirkschaltplan einer Wechselschaltung mit einem Dimmer und einem Wechselschalter

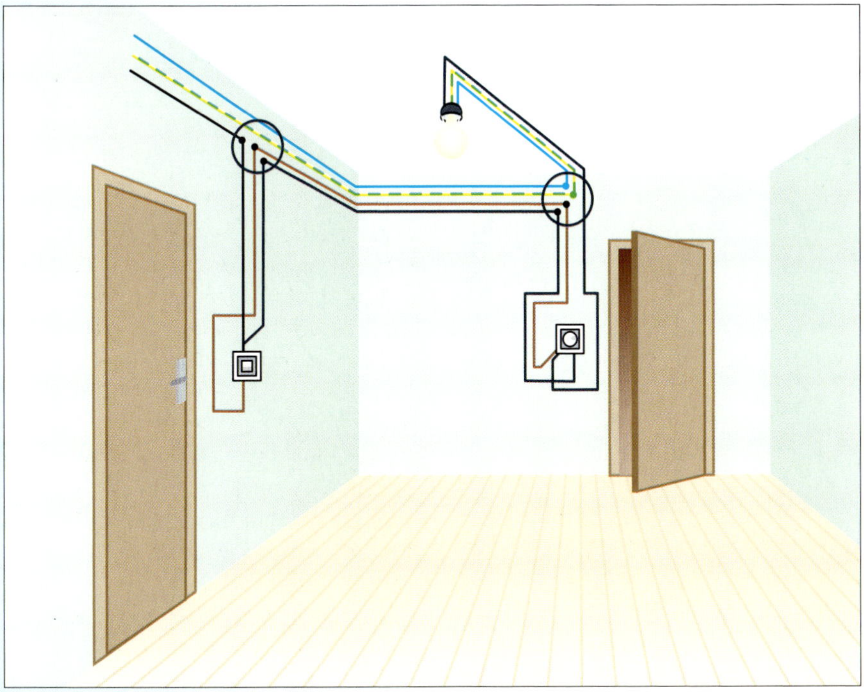

Wirkschaltplan für den Einbau eines Sensordimmers mit einem Taster als Nebenstelle

Klingel und Gong

Klingel und Gong, mit denen sich Besucher an der Haustür ankündigen, werden grundsätzlich mit Kleinspannung betrieben. Ein Transformator oder eine Batterie liefern den Strom. Wobei Batterien eher als Notlösung zu betrachten sind.

Der Klingeltransformator kann auf Putz in der Nähe von Klingel bzw. Gong oder in den Verteilerschrank eingebaut werden. Er wird mit zwei Klemmen ans Wechselstromnetz angeschlossen und liefert wahlweise 4, 6 oder 8 V Spannung.

Der elektrische Anschluss einer Klingelanlage ist in der Grafik unten dargestellt. Betätigt man den Taster an der Tür, wird der Stromkreis geschlossen und die Klingel ertönt. Will man die Anlage bei Bedarf abschalten, wird einfach eine der beiden Adern im Kleinspannungsbereich hinter dem Transformator durch einen Schalter unterbrochen.

Elektronische Gongs, Doppelklanggongs und so genannte Mehrklanggongs arbeiten nicht wie die klassische Klingel mit Spule und Glocke, sondern erzeugen den Ton über eine elektronische Schaltung mit einem kleinen Lautsprecher. Sie brauchen zusätzlich Strom aus einer Batterie oder einem Netzteil, das vom Klingeltransformator gespeist wird. Der über den Klingeltaster ausgelöste kurze Stromimpuls reicht für den über mehrere Sekunden erzeugten elektronischen Klang nicht aus.

Als Leitung für eine Klingelanlage verwendet man eine Stegleitung mit der Bezeichnung IFY und 0,6 mm Durchmesser.

Wirkschaltplan einer Klingelanlage mit Trafo, Klingel und Taster

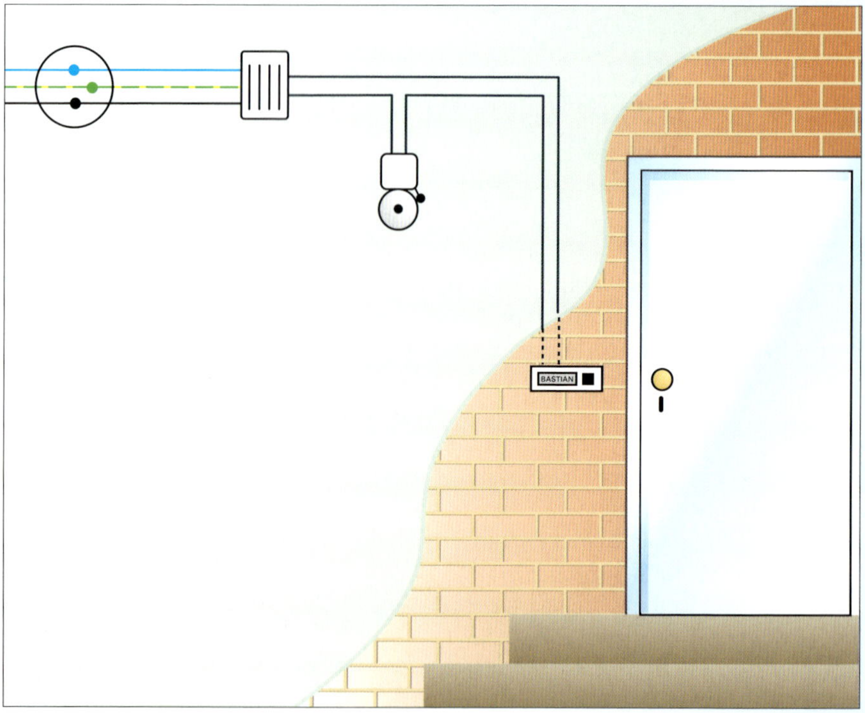

Die Komponenten einer modernen Video-Türsprechanlage: das Sprechgerät mit farbigem Videobild und die Außenkomponente mit integrierter Kamera

Sprechanlagen und Videoüberwachung an der Haustür

Aus Sicherheitsgründen wird die klassische Klingelanlage immer häufiger durch eine Sprechanlage ersetzt. Gerade für ältere Menschen ist es wichtig sich zu vergewissern, wer vor der Tür steht, ehe man öffnet. Noch mehr Sicherheit bieten Anlagen mit integrierter Videoüberwachung. Die Kamera ermöglicht eine ständige Kontrolle des Eingangsbereiches.

Wird ein Haus neu geplant oder modernisiert, wählt man am besten eine modulare Türsprechanlage im Baukastenprinzip (Bild oben), die sich nachträglich erweitern lässt. Neben der Grundfunktion der Türsprechanlage wird hier die Videoüberwachung durch einen Bewegungsmelder eingeschaltet. Die Tür kann auf Wunsch mit einem programmierbaren Codeschloss und einem berührungslosen Türöffner ausgerüstet werden. Auch Schlüsselschalter und Magnetkartenleser lassen sich in das System integrieren.

Bei der Verkabelung wird zunehmend Bus-Installation verwendet. Damit bei Modernisierungen die überwiegend vorhandenen klassischen Klingeldrähte weiterbenutzt werden können, bieten verschiedene Hersteller spezielle Geräte an, die modernste Kommunikationstechnik ermöglichen, aber die vorhandene Verdrahtung nutzen.

Solche Videokameras in Miniaturgröße lassen sich im Eingangsbereich unauffällig platzieren

Gutes Licht schafft Wohlbefinden

Viele Menschen vernachlässigen die Lichtgestaltung in den eigenen vier Wänden. Dabei schafft ausgewogene und funktionale Beleuchtung deutlich mehr Wohnqualität

So setzen Sie Ihre Wohnräume ins „rechte Licht"

Bei der Lichtgestaltung sind drei Aufgaben zu lösen: Zunächst muss für eine ausreichende Allgemeinbeleuchtung gesorgt werden, dann gilt es, bestimmte Funktionsbereiche zu erhellen und schließlich kann punktuelle Akzentbeleuchtung den Gesamteindruck abrunden.

Die Allgemeinbeleuchtung im Wohnzimmer, die für die erforderliche Grundhelligkeit sorgt, wird meist von zentral angeordneten Deckenleuchten und Deckenflutern übernommen.

Für die Beleuchtung bestimmter Funktionsbereiche, beispielsweise eine Leseecke, kommen Stehleuchten, Wandleuchten etc. zum Einsatz. Lichtakzente setzt man, indem man durch Deckenspots Bilder anstrahlt oder beispielsweise Zimmerpflanzen direkt beleuchtet.

Bei Esstischen wie im großen Bild links sind Hängeleuchten ideal, deren gerichtetes oder halbgerichtetes Licht auf die Tischfläche konzentriert ist. Die Leuchte sollte knapp über der Augenhöhe der sitzenden Personen hängen. Komfortabel sind höhenverstellbare Leuchten. Auf keinen Fall darf die Esstischleuchte blenden.

Wegen der als angenehm empfundenen Farbtemperatur und der guten Farbwiedergabe sind im Wohnbereich vor allem Glühlampen und Halogenlampen zu empfehlen. Dimmer, mit deren Hilfe man die Helligkeit individuell regeln kann, erleichtern die Anpassung der Beleuchtung an wechselnde Bedürfnisse. Für Ihre Lichtplanung sollten Sie eine Grundrisszeichnung mit den Funktionsbereichen anlegen.

Richtig ausleuchten

Ungerichtetes Licht für die Allgemeinbeleuchtung: Das Licht strahlt gleichmäßig nach allen Seiten und schafft so die nötige Grundhelligkeit

Halbgerichtetes Licht für Funktionsbereiche: Eine Leseecke, ein Esstisch oder ein Arbeitsplatz brauchen zusätzliche bedarfsgerechte Beleuchtung

Gerichtetes Licht setzt Akzente: Besondere Einrichtungsgegenstände wie Bilder oder Pflanzen können sie mit dem richtigen Licht effektvoll hervorheben

Leuchten und Lampen

Was allgemein als Lampe bezeichnet wird, nämlich der Beleuchtungskörper an Wand oder Decke, heißt in der Fachterminologie Leuchte. In die Leuchten werden dann Beleuchtungsmittel – und nur diese werden vom Fachmann Lampen genannt – eingeschraubt. Die Glühbirne ist für den Elektrofachmann also die Lampe, während er den gesamten Beleuchtungskörper Leuchte nennt.

Bei den Lampen gibt es eine Vielzahl von Varianten. Die gängigste ist die Glühlampe (Fachterminus Allgebrauchslampe) mit der Bezeichnung E 27. Das Kürzel bedeutet, dass sie einen Schraubsockel mit Elektrogewinde von 27 mm Durchmesser besitzt. Glühlampen haben eine niedrige Lichtausbeute, da nur 5% der zugeführten elektrischen Leistung in Licht umgewandelt wird. Die mittlere Lebensdauer ist im Vergleich zu Energiesparlampen und Leuchtstofflampen

Allgebrauchs- bzw. Glühlampen in verschiedenen Formen und Farben und mit unterschiedlichen Schraubsockeln (1) und (2)

1

2

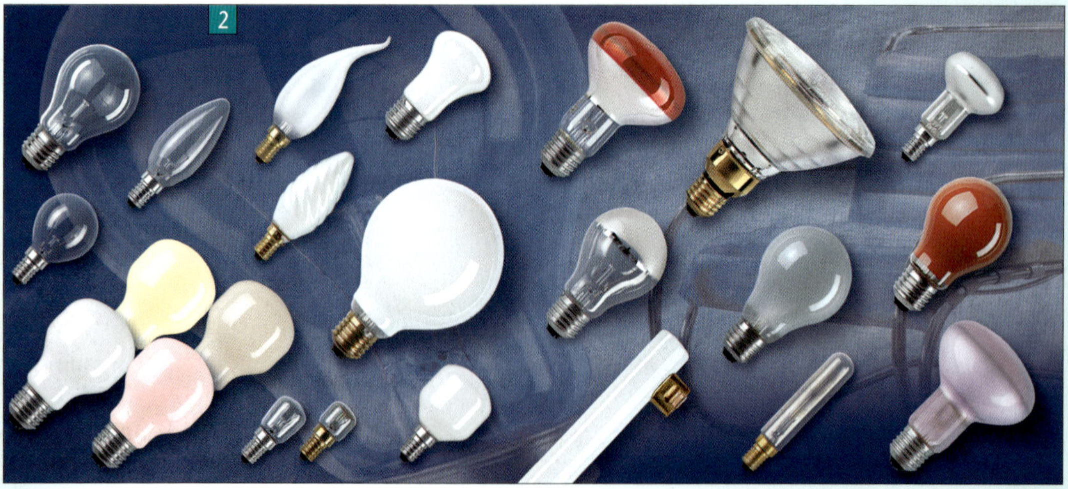

gering. Aus vorwiegend dekorativen Gründen gibt es Glühlampen in unterschiedlichsten Formen und Glasarten (siehe Bild 1 linke Seite).

Immer häufiger werden heute statt der normalen Glühlampen Energiesparlampen eingesetzt, die bei gleicher Lichtleistung wesentlich weniger Energie verbrauchen. Energiesparlampen sind Kompaktleuchtstofflampen mit eingebautem elektronischen Vorschaltgerät und Schraubsockel (Bild unten). Sie haben bei ähnlichem Licht gegenüber Glühlampen einen um bis zu 80% geringeren Stromverbrauch und dabei eine etwa 12fache Lebensdauer. Sie sind schaltbar wie Glühlampen, lassen sich aber nicht dimmen.

Es gibt auch Kompaktleuchtstofflampen, bei denen das erforderliche Vorschaltgerät in der Leuchte eingebaut sein muss. Sie sind entweder mit 2-Stift-Sockel für den Betrieb an induktiven Vorschaltgeräten oder mit 4-Stift-Sockel für den Anschluss an elektronische Vorschaltgeräte versehen. An speziellen elektronischen Vorschaltgeräten ist Dimmen möglich.

Lichtausbeute

Die Lichtausbeute (Lumen pro Watt, lm/Watt) ist das Maß für die Wirtschaftlichkeit einer Lampe. Sie sagt aus, wie viel Licht aus dem Strom tatsächlich erzeugt wird.

Beispiele:
Glühlampe12 lm/Watt
Halogenglühlampe 20 lm/Watt
Energiesparlampe 65 lm/Watt
Leuchtstofflampe 96 lm/Watt

1 **Energiesparlampen verbrauchen bei gleicher Lichtleistung wesentlich weniger Strom als Glühlampen (1)**

Energiesparlampen und Kompaktleuchtstofflampen (2)

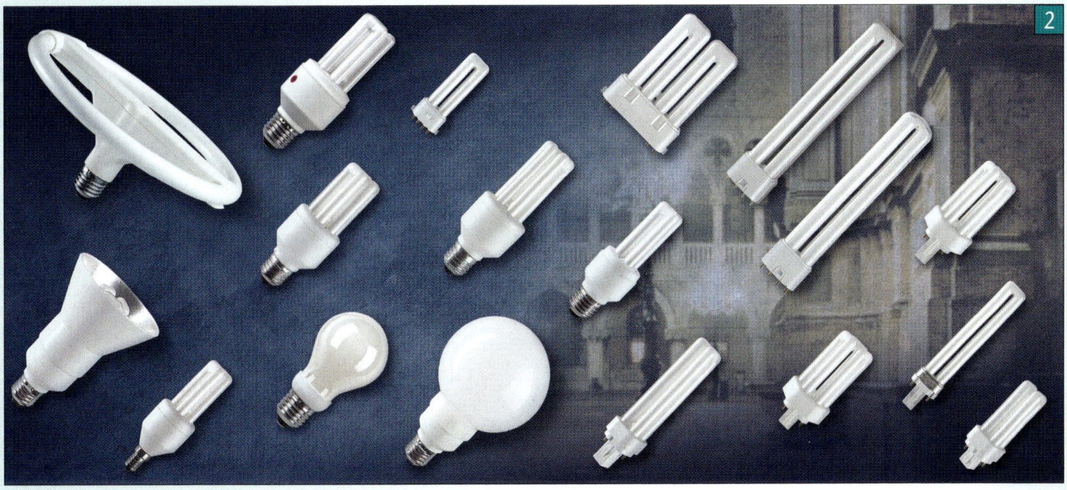
2

Die klassische meist stabförmige Leuchtstofflampe (Bild unten) benötigt induktive Vorschaltgeräte und Starter oder elektronische Vorschaltgeräte.

In Leuchtstofflampen wird UV-Strahlung erzeugt, die vom innen aufgetragenen Leuchtstoff in sichtbares Licht umgewandelt wird. Je nach chemischer Zusammensetzung der Leuchtstoffe in der Lampe entstehen verschiedene Lichtfarben und Farbwiedergabeeigenschaften.

Halogenlampen (Bild ganz unten) sind im Vergleich zu normalen Glühlampen deutlich kleiner, haben eine längere Lebensdauer und erzeugen bei gleicher elektrischer Leistung mehr Licht. Außerdem wird das Licht von Halogenlampen als besonders natürlich empfunden. Es zeichnet sich durch eine gute Farbwiedergabe aus.
Es gibt Halogenlampen für den Hochvoltbetrieb mit 230 Volt Netzspannung und solche für den Niedervoltbetrieb mit einer Spannung von 6, 12, oder 24 Volt.

Die meist stabförmigen Leuchtstofflampen werden in unterschiedlichen Längen und Durchmessern angeboten (1). Bei Halogenlampen gibt es eine Vielzahl von Formen mit Schraub- oder Stecksockeln (2)

1

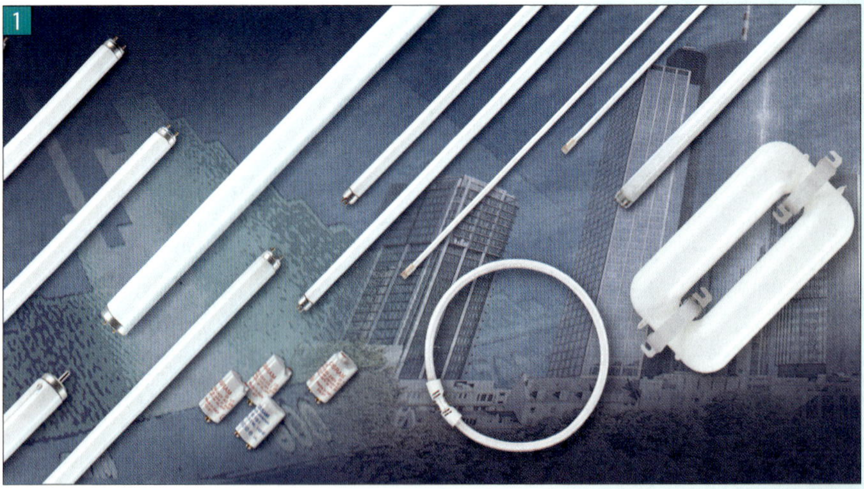

2

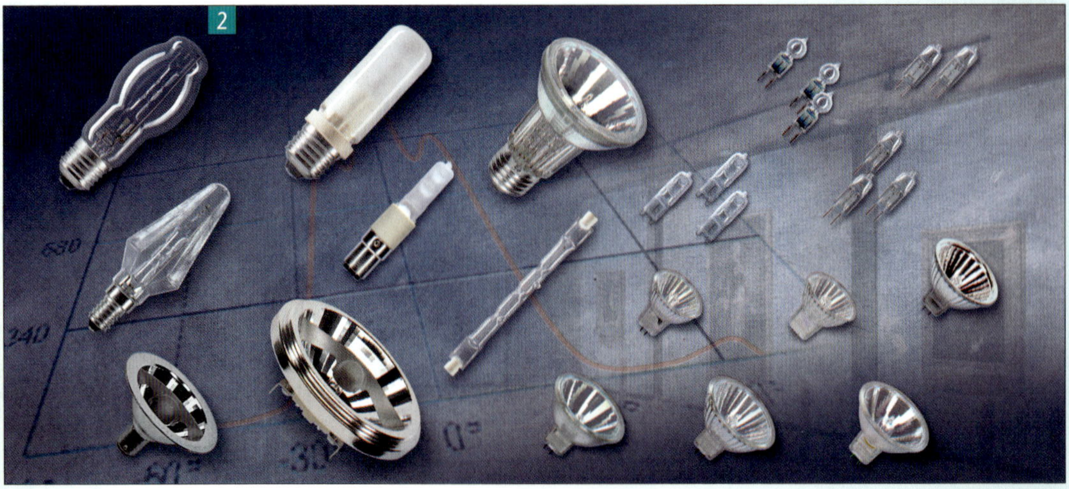

Leuchten fachgerecht montieren und anschließen

Wand und Deckenleuchten werden mit Lüsterklemmen an den stromführenden Leiter und den Nullleiter angeschlossen. Den grün-gelben Schutzleiter müssen Sie – je nach Leuchtentyp – entweder ebenfalls mit einer Lüsterklemme oder an einer besonders gekennzeichneten Klemmschraube anschließen. Leuchten, deren Gehäuse aus Kunststoff besteht, brauchen keinen Schutzleiteranschluss. Sie isolieren ihn dann nicht ab und legen die Ader so bei, dass sie nicht stört.

Soll eine Leuchte montiert werden, für die es noch keinen Kabelanschluss gibt, muss zunächst die Installation erweitert werden. Wie das Schaltbild unten zeigt, wird dann von einer vorhandenen Verteilerdose eine dreiadrige Leitung unter Putz bis zu einer

Deckenleuchte

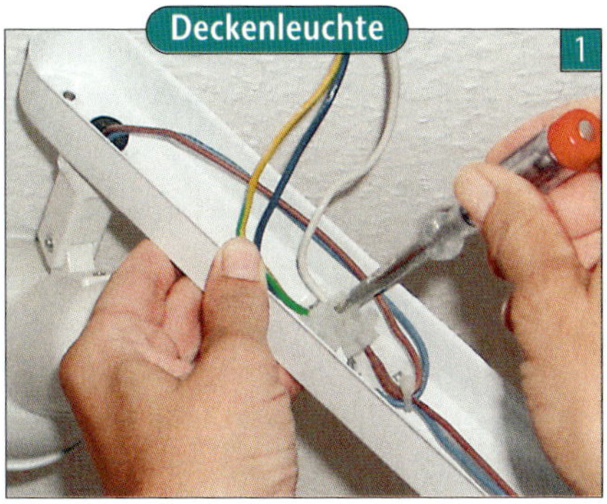

1 Mit Hilfe einer Lüsterklemme schließt man die Leuchte an die aus der Decke kommenden Adern an. Wichtig: Den grüngelben Schutzleiter an die dafür vorgesehene Klemme anschließen

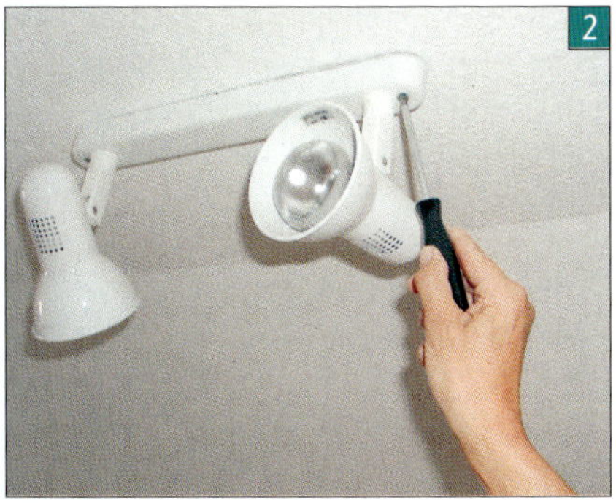

2 Klemme und Zuleitung werden durch den Leuchtenfuß abgedeckt, wenn man die Leuchte festschraubt

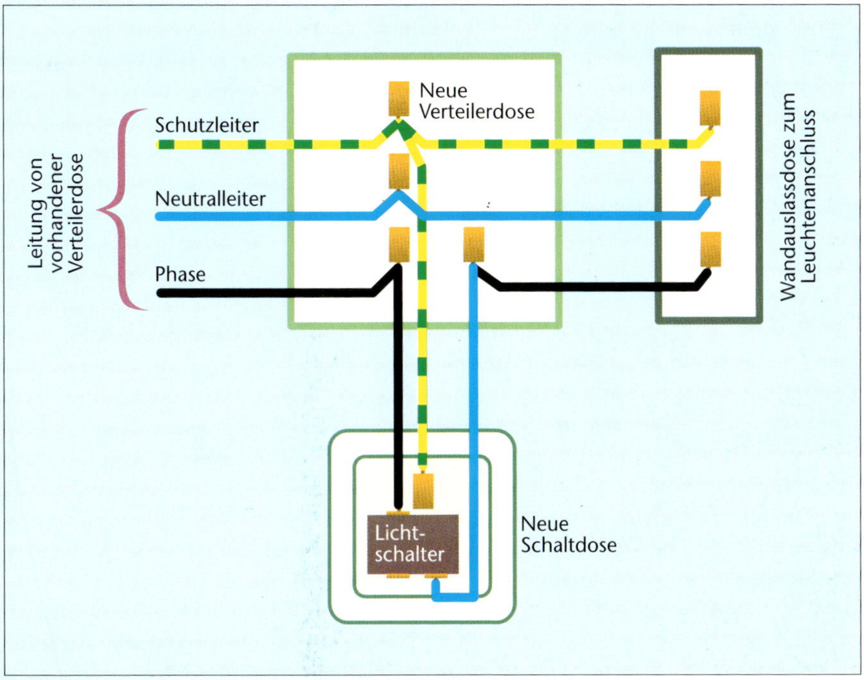

Soll eine Leuchte zusätzlich installiert und geschaltet werden, führt man Schutz- und Neutralleiter über eine neue Verteilerdose zur Wandauslassdose des neuen Leuchtenanschlusses. Die Phase wird über den neu installierten Schalter geschaltet. Der Schutzleiter der dreiadrigen Leitung zum Schalter wird dort nicht angeschlossen

Steckverbindung

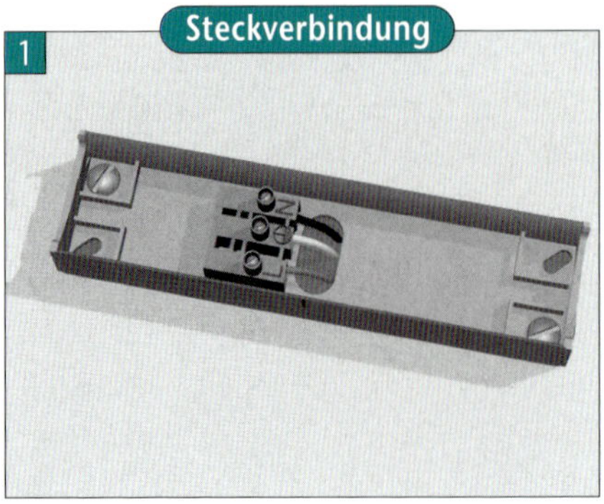

Bei dieser Leuchte wird zuerst die Fußplatte an Wand oder Decke gedübelt. Dann hat man beide Hände frei, um die Zuleitung an den Steckanschluss der Platte zu klemmen

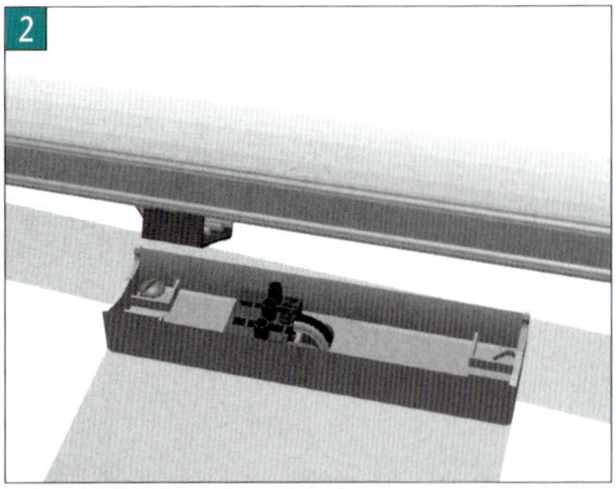

Am Oberteil der Leuchte befindet sich eine Steckeinheit, die nun bei der Fertigmontage ins Gegenstück der Fußplatte geschoben wird

neuen Verteilerdose gelegt. Schutz- und Neutralleiter führt man von dort zur neuen Wandauslassdose. Die Phase wird über einen neu installierten Schalter geschaltet.

Häufig sind Leuchten so konstruiert, dass der Anschluss der Adern direkt an der Lampenfassung vorgenommen werden muss. Da die Lampenfassung sich sehr stark erwärmt, könnten im ungünstigen Fall die Aderisolierungen verschmoren und zu einem Kurzschluss führen.
Aus diesem Grund werden die Enden der Adern durch kurze Silikonschlauchstücke geschützt, die den Leuchten beigepackt sind. Werfen Sie daher diese Silokonschläuche auf keinen Fall weg.

Auch die nach außen abgegebene Wärme von Leuchten stellt eine Gefahr dar. Sie müssen daher aus Brandschutzgründen mit einem Mindestabstand zu angestrahlten Flächen und zu irgendwelchen brennbaren Gegenständen montiert werden. Wenn auf der Leuchte nichts anderes angegeben ist, muss man laut Vorschrift bei einer Lampenleistung von 100 Watt einen Mindestabstand von 0,5 m zu brennbaren Teilen einhalten.

Bei den meisten Wand- und Deckenleuchten hat man bei der Montage das Problem, dass man gleichzeitig die Adern der Zuleitung an die Lüsterklemmen anschließen und die Leuchte halten muss. Ohne Helfer ist dies oft kaum möglich. Daher haben einige Hersteller Stecksysteme entwickelt, bei denen man erst den Leuchtenfuß montiert, dort die Adern an eine Steckverbindung anschließt und dann die Leuchte mit ihren Steckkontakten einschiebt und verschraubt (siehe Abbildungen links oben).

Montagehilfe

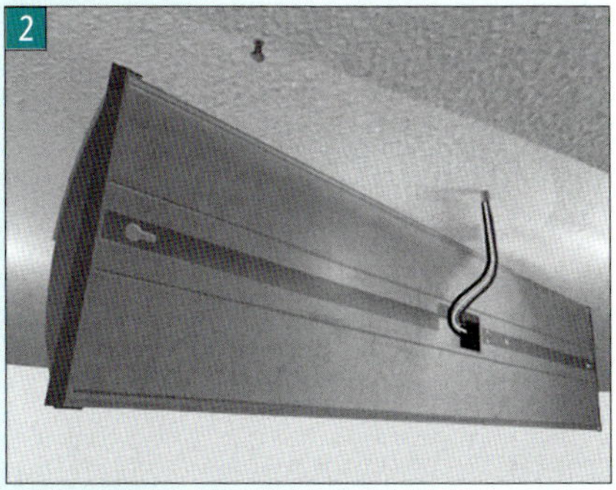

Bei dieser Leuchte werden erst zwei Halteschrauben im definierten Abstand befestigt. Dann entfernt man die vorhandene Lüsterklemme an der Zuleitung und klemmt statt dessen einen speziellen Stecker an. Dieser wird dann ins Gegenstück am Leuchtensockel gesteckt. Anschließend schiebt man den Leuchtenfuß mit seinen Langlöchern auf die beiden Halteschrauben. Fertig

Steckerfertige Leuchten

Wenn in der Nähe einer zusätzlich vorgesehenen Wandleuchte eine Steckdose vorhanden ist, kann man sich die Mühe sparen, einen neuen Wandanschluss zu schaffen, wenn man eine steckerfertige Leuchte (1) wählt. Man muss dann allerdings in Kauf nehmen, dass die Steckerleitung sichtbar bleibt.

Die Montage der hier gezeigten Leuchte ist denkbar einfach. Sie besitzt an ihrem Fuß rechts und links zwei ausschiebbare Halteplatten. Man zieht die erste davon heraus und schraubt sie an. Dann wird die Leuchte so verschoben, dass die zweite Halteplatte befestigt werden kann (2). Zuletzt sind die Halterungen verdeckt.

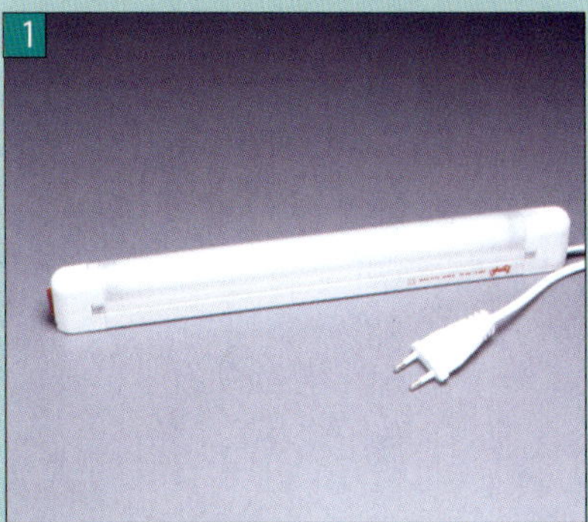

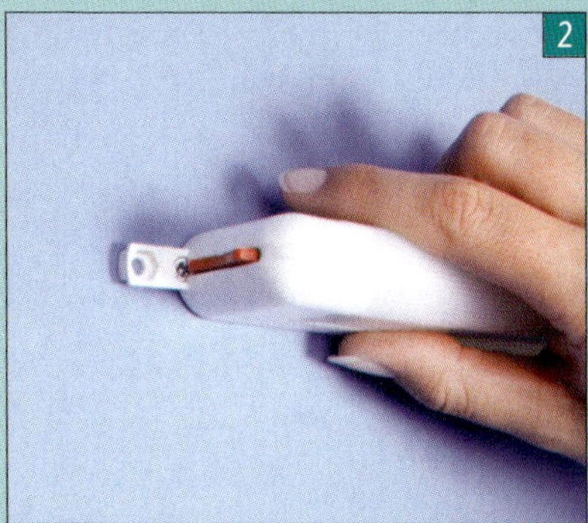

Spannseilsystem montieren

Die einzelnen Halogenlampen hängen bei Spannseilsystemem mit Aufhängevorrichtungen an den stromführenden Stahlseilen

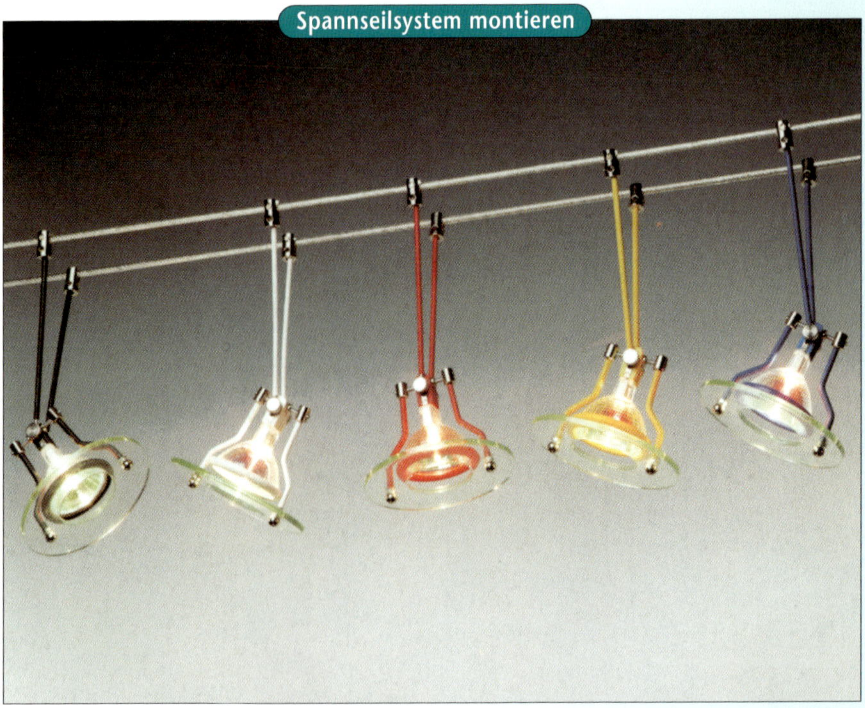

Die Einzelteile des Systems: Drahtseil mit Kauschen, Haken und Spannschlössern. Das Drahtseil wird zunächst abgelängt und mit den Kauschen versehen

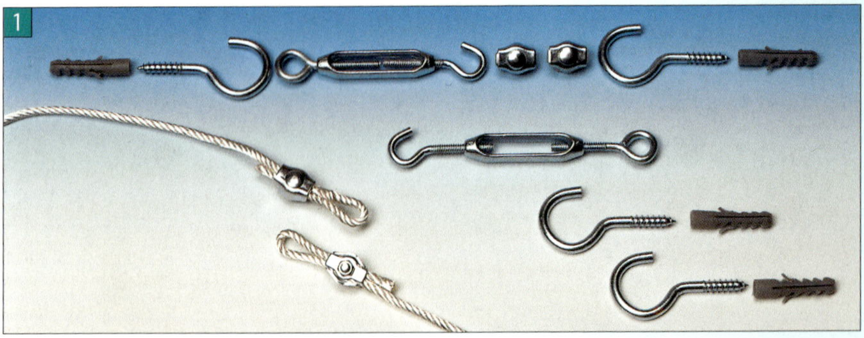

Man zeichnet die Befestigungspunkte der Schraubhaken ein, bohrt Dübellöcher und dreht die Haken in die Dübel ein (2). Anschließend hängen Sie die Spannschlösser auf einer Wandseite in die Haken ein (3)

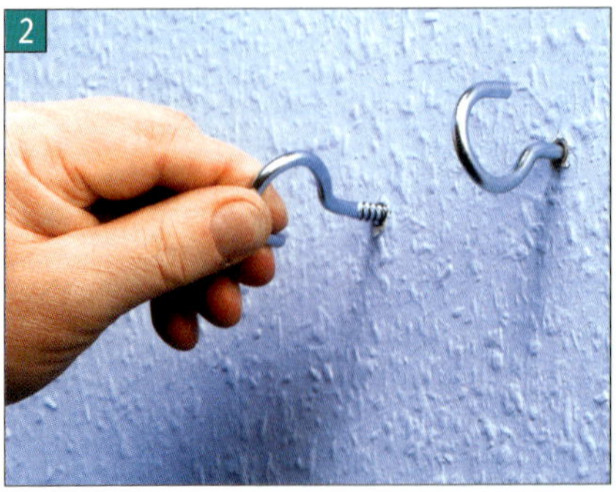

Niedervolt-Halogensysteme planen und montieren

Niedervolt-Halogenlampen brauchen einen vorgeschalteten Transformator. Das dahinter liegende Niedervoltsystem zeichnet sich durch offen liegende Leiter aus, die man gefahrlos berühren kann. Sie werden sogar bewusst als dekoratives Element eingesetzt.

Spannseilsysteme

Typisch für die Halogen-Niedervolttechnik sind Spannseilsysteme. Auf jeder Wandseite werden zum Spannen der Drahtseile, die sowohl die Lampen tragen als auch den Strom leiten, Haken mit Dübeln anmontiert. Auf einer Seite können Sie das Seil mit einer Schlaufe direkt einhängen, auf der anderen kommt ein Spannschloss dazwischen.

Da an den Seilen erhebliche Zugbelastungen auftreten, müssen die Dübel ausreichenden Auszugswiderstand bieten. Die Dübellöcher werden vor dem Einschieben der Kunststoffdübel von Bohrstaub befreit. Dazu einen Strohhalm einschieben und die Löcher ausblasen. Die Dübel verankern sich in sauberen Löchern besser an der Bohrlochwandung.

Die zunächst provisorisch abgelängten Seile werden an den beiden Enden mit Seilkauschen versehen, sodass Schlaufen zum Einhängen entstehen

Sind die beiden voneinander getrennten stromführenden Seile gespannt, verbinden Sie das System mit dem Transformator, der an das 230-Volt-Netz angeschlossen wird. Nun ist das Spannseilsystem betriebsbereit. Die einzelnen Halogenlampen können Sie dann beliebig einhängen.

4 Schneiden Sie nun das Seil auf die benötigte Länge zu. Dazu hängt man es auf einer Seite provisorisch ein und zieht es bis zu den Spannschlössern der Gegenseite

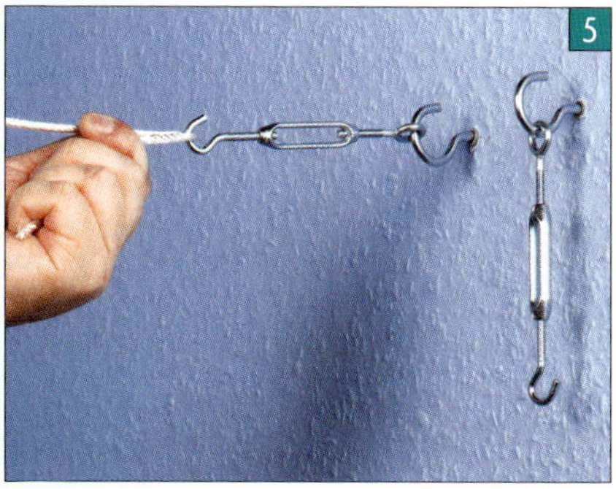

5 Das Seil durch den Haken des Spannschlosses ziehen und mit etwa 10 cm Überlappung ablängen

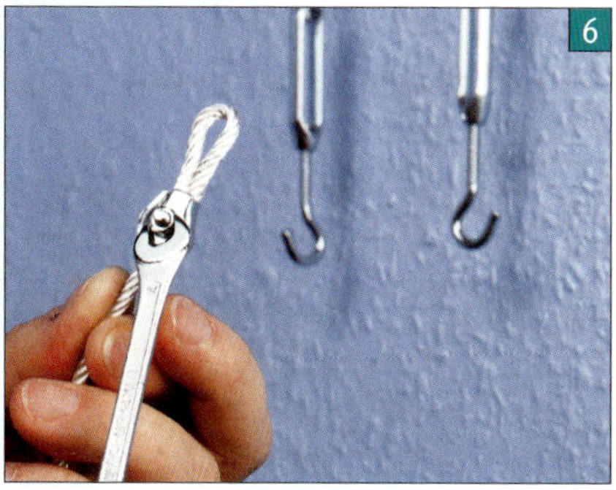

6 Nun werden an den Seilenden Schlaufen gebildet und Kauschen aufgeschraubt

7 Eine Schlaufe wird jetzt in den Haken ohne Spannschloss eingehängt

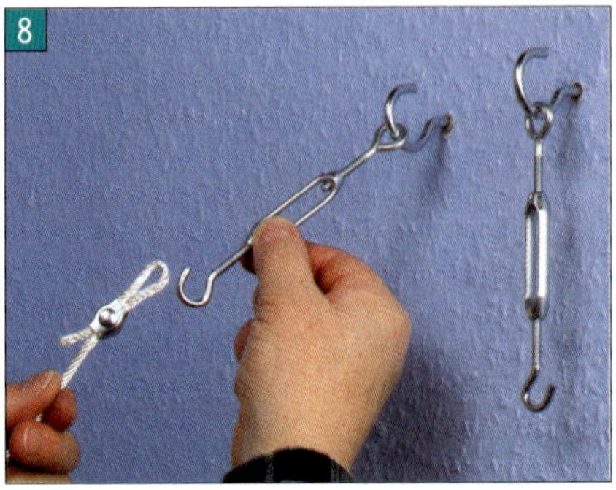

Auf der Gegenseite hängt man die Schlaufe in den Haken des ganz aufgedrehten Spannschlosses

Das Spannschloss wird nun angezogen, bis das Seil stramm zwischen seinen beiden Befestigungspunkten gespannt ist

Schienensysteme

Die Fotos auf der rechten Seite zeigen die Montage eines Niedervoltschienensystems, das man beliebig an die gegebenen Raumverhältnisse anpassen kann.

Aus der Hochvolttechnik sind Schienensysteme schon lange bekannt. Sie haben den Vorteil, dass man Anzahl und Positionen der einzelnen Leuchten individuell planen und nachträglich immer wieder auch verändern kann.

Die Schienen werden auf das gewünschte Maß abgelängt und mit Kupplungs- bzw. Winkelstücken verbunden. Ein Einspeiser, der mit einem externen Trafo verbunden ist, liefert die Spannung für das System.

Man kann die Schienen, wie hier gezeigt, direkt an die Decke dübeln. Sie lassen sich aber auch an Seilen hängend montieren.

Zwei Einspeisungsseile werden an den Transformator geklemmt (10). Nun klemmen Sie die vom Transformator kommenden Einspeisungsseile an die beiden Spannseile an (11)

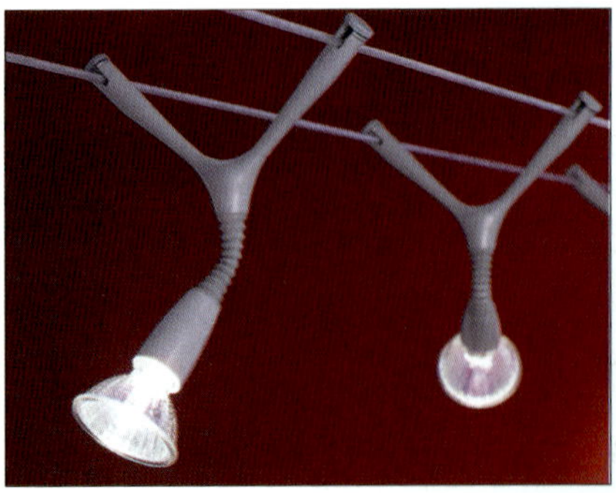

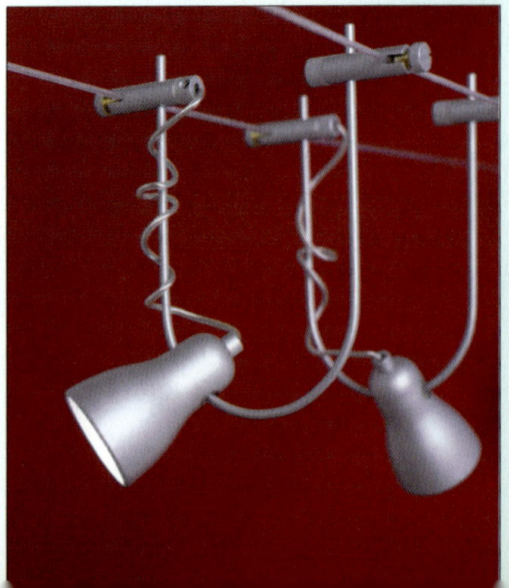

Wie die Bilder rechts zeigen, gibt es die verschiedensten Leuchtentypen zum Einhängen in Spannseilsysteme

Halogen-Schienensystem

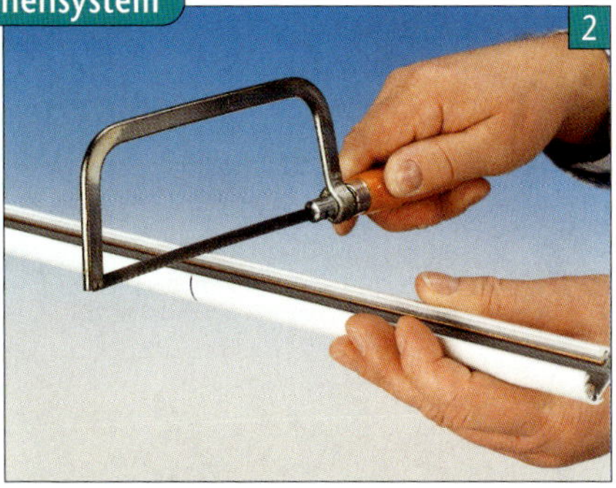

Die vorher angezeichneten Dübellöcher werden in die Decke gebohrt. Mit dem Leitungssuchgerät prüfen, ob Leitungen in der Decke liegen (1). Mit einer feinen Metallsäge können Sie die Schienen beliebig ablängen (2)

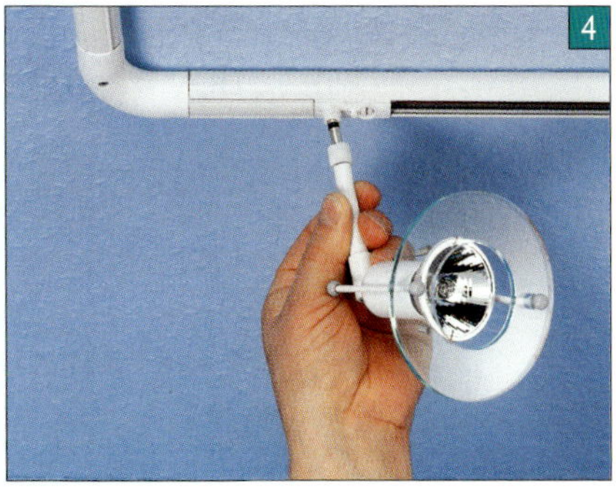

Zum Installationssystem gehören Winkel und Schienenverbinder (3).
Ist das Schienensystem nach Plan befestigt, stecken Sie den Stromeinspeiser ein und setzen die vorgesehenen Lampen ein (4)

Halogenleuchten im Schlafzimmer: Neben dem Deckenlicht gibt es Einzelleuchten an den Betten sowie zwei Balkenstrahler rechts und links des Schminkspiegels

Die Kombination verschiedener Stangen- und Spannseilsysteme wird hier bewusst als dekoratives Element genutzt. Das Stangensystem rechts wird über Wand und auch Decke geführt

Stangensysteme
Halogen-Stangensysteme erfreuen sich immer größerer Beliebtheit. Es gibt eine Riesenauswahl an fertigen Bausätzen, die sich individuell den Raumverhältnissen anpassen lassen.

Die parallel verlaufenden stromführenden Stangen haben meist einen Abstand von etwa 3 cm. Die Führungsplatten, mit denen die Stangen an Decke oder Wand befestigt werden, geben diesen Abstand vor. Die Befestigungen der Leuchten sind ebenfalls auf dieses Maß abgestimmt.

Stangensysteme lassen sich durch gebogene Steckverbinder in beliebigen Winkeln über Wand und Decke führen. Im Bild oben wird das rechts gezeigte System erst senkrecht an der Wand hochgeleitet und läuft dann an der Decke weiter. So wird die Raumbeleuchtung gleichzeitig zur attraktiven Dekoration. Den notwendigen Transformator zur Einspeisung des Stroms positioniert man am besten so, dass ein kurzer Weg zur nächsten Verteilerdose oder Steckdose zu überwinden ist. Vor dem Bohren der Befestigungslöcher das Leitungssuchgerät einsetzen.

Stangensystem montieren

Zuerst wird der Verlauf der Stangen angezeichnet. Dann bohrt man die Befestigungslöcher (1).
Man dreht die Aufnahmeschrauben der Abhänger ein. Dann werden die Abhänger mit ihrem Innengewinde eingedreht (2)

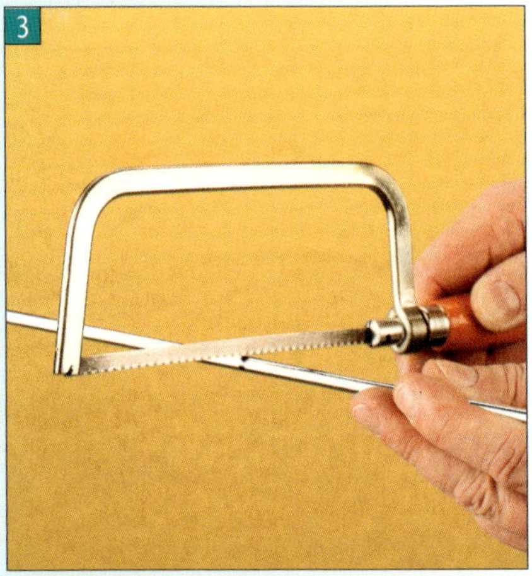

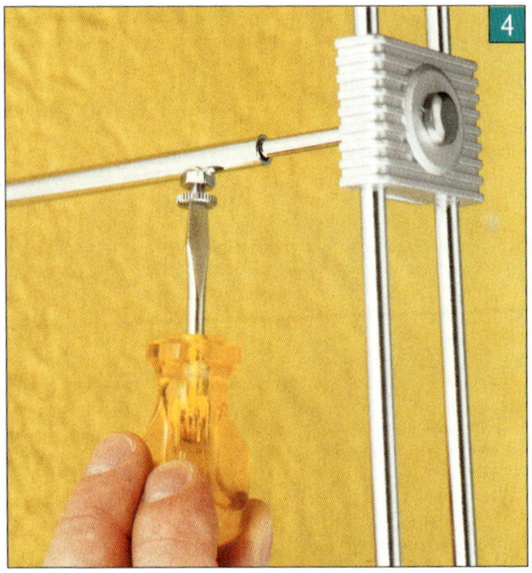

Die Stangen werden nun in die Führungsplatten eingehängt. Steckverbindungen sorgen für den Anschluss der Verlängerungsstücke (3). Müssen Stangen abgelängt werden, benutzt man eine feine Metallsäge (4)

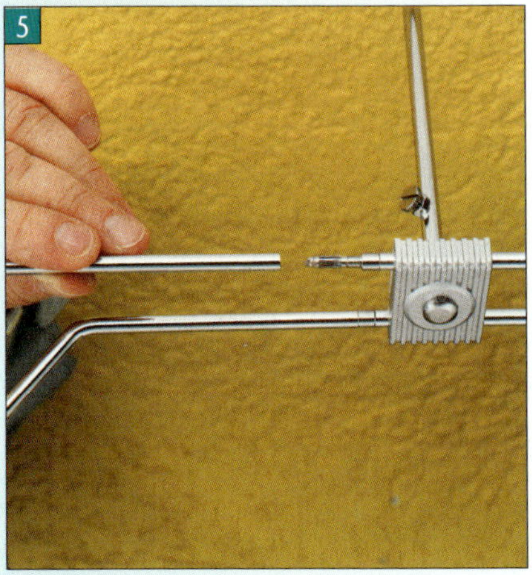

Bei manchen Systemen kann die Abhängetiefe verändert werden (5). Zuletzt werden die einzelnen Leuchten aufgeclipst oder verschraubt (6)

Niedervolt-Halogensysteme für alle Wohnbereiche

Mittlerweile hat die Niedervolt-Halogentechnik alle Wohnbereiche erobert. Der Vorteil, dass die offen liegenden Spannseil-, Schienen- oder Stangensysteme gefahrlos berührt werden können und dass Positionen und Anzahl der Leuchten sich nachträglich problemlos verändern lassen, machen die Technik so attraktiv. Mehr und mehr haben sich die Systeme zu regelrechten Kunstwerken entwickelt, die in die Raumgestaltung mit einbezogen werden.

Aber auch in Küche und Bad, wo es eher auf gezielte Beleuchtung und eine dem natürlichen Tageslicht möglichst ähnliche Farbwiedergabe ankommt, haben sich Halogenleuchten durchgesetzt. Die Unterbringung der erforderlichen Transformatoren wird dabei durch immer kleinere und flachere Bauweise erleichtert.

Oben: Junges Wohnen mit Spannseil- und Schienensystemen. Rechts: In der Küche schätzt man Halogenlicht für die gezielte Ausleuchtung der Arbeitsflächen. Rechte Seite: Im Bad kommt es auf natürliche Farbwiedergabe an – hier ist Halogenlicht optimal

Leuchten für den Außenbereich

Licht im Außenbereich des Hauses sorgt für zusätzlichen Komfort und erhöht die Sicherheit

Haustür, Terrasse und Garten ins rechte Licht setzen

Bei Außenleuchten ist der Schutz vor eindringendem Regenwasser wichtig. Verwenden Sie daher nur solche Leuchten im Freien, die vom Hersteller für diesen Einsatz freigegeben sind.

Bewegungsmelder schalten automatisch das Licht an

Aus Gründen des Komforts und der Sicherheit werden im Außenbereich, insbesondere für die Beleuchtung von Eingängen, sehr häufig Leuchten eingesetzt, die sich durch einen Infrarot-Sensor selbsttätig einschalten. Die links abgebildete Leuchte mit Hausnummer gehört zu diesem Typ. Der Infrarotsensor der Leuchte reagiert im eingestellten Erfassungsbereich auf Temperaturunterschiede von sich bewegenden Wärmequellen (z. B. Personen oder Autos).

Durch einen eingebauten Dämmerungsschalter führt die erfasste Bewegung aber nur bei Dunkelheit zum Einschalten der Leuchte. Mit einem Stellknopf kann man die Helligkeit einstellen, bei der der Schalter reagiert. Dabei sind verschieden lange Einschaltzeiten der Leuchte möglich.

Auch bereits vorhandene Leuchten können nachträglich über separat montierte Bewegungsmelder geschaltet werden. Man braucht in der Regel eine vieradrige Leitung zwischen Leuchte und Melder. Zwei Adern versorgen den Sensor selbst mit Spannung, eine Ader wird zum Schalten der Leuchte benötigt und außerdem muss ein Schutzleiter vorhanden sein. In der Bedienungsanleitung des Bewegungsmelders ist ein Schaltbild für die richtige Verdrahtung vorgegeben.

Bewegungsmelder

Der integrierte Bewegungsmelder dieser Leuchte schaltet sie automatisch ein

Erfassungswinkel und Einschaltzeiten des in die Leuchte integrierten Bewegungsmelders können Sie individuell einstellen

Leuchten mit Bewegungsmelder auf der Terrassenseite des Hauses sind ein zusätzlicher Schutz gegen Einbrecher, die das Licht bekanntlich scheuen

Durch die Installation von Gartenleuchten wird der Sitzplatz am Teich auch im Dunkeln nutzbar

Montageschritte

Alle erforderlichen Teile und Materialien gibt es im Baumarkt. Wählen Sie unbedingt Erdkabel, das vom Hersteller für die Verlegung im Freien zugelassen ist (1). Sind die Kabelgräben ausgehoben, schiebt man die Erdkabel in Schutzrohre. Dann können sie nicht unbeabsichtigt beschädigt werden (2)

Leuchten im Garten montieren

Gartenliebhaber möchten sich auch bei Dunkelheit an ihrer liebevoll gepflegten Anlage erfreuen. Dazu muss der Außenbereich entsprechend beleuchtet werden. Gleichzeitig sorgt das Licht im Garten für mehr Komfort, wenn man sich bei Dunkelheit noch draußen bewegen möchte. Nicht zuletzt bieten durch Bewegungsmelder geschaltete Leuchten ein Plus an persönlicher Sicherheit. Denn Einbrecher werden nicht umsonst als „lichtscheues Gesindel" bezeichnet. Sie meiden hell erleuchtete Grundstücke.

Beim hier vorgestellten Beispiel werden mehrere Gartenleuchten am Sitzplatz vor dem Teich und entlang der Rasenfläche montiert. Auf einem maßstabsgerechten Plan des Gartens wurden die Positionen der Leuchten zuvor genau festgelegt. Dann ging es an die erforderlichen Erdarbeiten.

Die Zuleitungen der Gartenleuchten sollten möglichst entlang vorhandener Wege in einer Tiefe von 50 cm verlegt werden, damit sie beim Vertikutieren oder bei Pflanzarbeiten nicht beschädigt werden können. Das für die Erdverlegung geeignete Kabel mit der Bezeichnung NYY kommt zusätzlich in Panzerrohre aus Kunststoff, die vor mechanischen Schäden schützen. Um die Gartenbeleuchtung automatisch anzuschalten, wurde ein Bewegungsmelder installiert, der ebenfalls durch ein Erdkabel mit der Hausinstallation verbunden werden musste.

Für eine standsichere Montage der Leuchten im Gelände wurden kleine Betonsockel gegossen und eingegraben. Das Herstellen geeigneter Betonsockel geht am leich-

3 Die Gräben werden etwa 50 cm tief ausgehoben. Dann legen Sie Panzerrohr samt Erdkabel ein und fixieren die Leitung durch darauf gelegte Steine

4 Ein handelsüblicher Baueimer von 10 Litern Inhalt dient als Gießform für die Betonsockel. Eingelegte Folie sorgt dafür, dass sich der feste Beton gut löst

5 Nach dem Erhärten stürzt man den Eimer um – der Sockel ist fertig. Die vorher eingelegten Kunststoffrohre dienen zur Durchführung der Zuleitungen

Von unten werden die beiden Zuleitungen nun in das Leerrohr des Sockels eingeführt. Dann stellt man den Sockel an den vorgesehenen Platz (6). Zwei Dübellöcher für die Befestigung des Leuchtensockels müssen in das Betonfundament gebohrt werden (7)

Die Dübellöcher mit einem Strohhalm ausblasen und anschließend die Dübel bündig in die vorbereiteten Bohrungen des Sockels einsetzen (8). Nun erfolgt die Verdrahtung der Leuchte an den Lüsterklemmen. Diese Arbeit sollte man nur selbst ausführen, wenn man die erforderlichen Kenntnisse hat (9)

Damit kein Kurzschluss durch Kondensationsfeuchtigkeit entstehen kann, werden die Klemmen anschließend sorgfältig mit Isolierband umwickelt (10). Jetzt kann man den Leuchtensockel aufsetzen und ans Fundament schrauben. Danach füllen Sie Erde an und richten die Leuchte grob aus (11)

testen, wenn man einen üblichen Baueimer als Gießform benutzt. Estrichbeton aus dem Baumarkt ist das ideale Material. Damit sich der Betonsockel nach dem Erhärten leicht aus der Form lösen lässt, legt man eine dünne PE-Folie ein.

Für die spätere Einführung der Zuleitungen in den Leuchtensockel wird vor dem Einfüllen des Betons ein dickes Kunststoffrohr in den Eimer gestellt. Sein Innendurchmesser muss die beiden Panzerrohre der Zuleitungen aufnehmen können. Ist der Beton eingefüllt, wird er verdichtet und muss mindestens zwei Tage trocknen. Dann nimmt man den fertigen Sockel aus der Gießform. Als Nächstes werden die Zuleitungen zu den vorgesehenen Montagepunkten der Leuchten geführt und dann die Sockel eingegraben. Zuvor werden aber noch die verkabelten Leuchten mit zwei in den Sockel eingebohrten Dübeln befestigt.

Die Leuchten werden bei dieser Montagetechnik nach dem Verschrauben mitsamt Sockel noch einmal genau ausgerichtet und dann durch Verdichten des angeschütteten Erdreichs in der richtigen Position fixiert. Die Kabelgräben schließt man wieder und legt die vorher abgestochenen und seitlich deponierten Rasensoden auf.

Am Haus, wo die Erdkabel mit dem Stromnetz verbunden werden, wird in der Regel als Aufputzinstallation eine Abzweigdose und ein Ein-Aus-Schalter angebracht.

Für den Anschluss der selbst montierten Gartenleuchten ans Netz der Hausinstallation sollten Sie einen Elektrofachmann heranziehen. Er misst die Leitungen durch und stellt sicher, dass vor allem die Schutzleiter korrekt angeklemmt wurden.

Inbetriebnahme

1 Mit Hilfe der Wasserwaage wird die Gartenleuchte genau ausgerichtet. Zur Fixierung in der richtigen Position verkeilt man den Sockel mit Steinen

2 Die Bohrkrone schneidet exakte Löcher in den Porenbeton. Da dieses Steinmaterial sehr weich ist, wird grundsätzlich ohne Schlagwerkzuschaltung gebohrt

3 Die zugeschütteten Kabelgräben deckt man mit Grassoden ab, die vor dem Ausheben der Gräben abgestochen und zur Seite gelegt worden sind

Besonders umweltfreundlich sind die hier verwendeten Energiesparlampen. Sind die Scheiben des Lampengehäuses eingesetzt, wird die Haube verschraubt

Den Erfassungsbereich des Bewegungsmelders kann man einstellen. Diese Technik bietet Komfort und gleichzeitig Sicherheit gegen Einbrecher

Ist die Justierung abgeschlossen, wird die Einstellung durch Verschrauben gesichert. Bei Bedarf kann man die Einstellung jederzeit wieder korrigieren

Halogen-Gartenleuchten für den Niedervoltbetrieb

Eine Variante moderner Gartenleuchten hat einen eingebauten Transformator, um den Einsatz von Halogenlampen möglich zu machen. Sogar komplette Leuchtensysteme für den Niedervoltbetrieb sind erhältlich, bei denen dann die gesamte Außenbeleuchtung über einen im Haus befindlichen Transformator gespeist wird. Im Garten gibt es dann nur den ungefährlichen Niedervoltstrom.

Mobile Leuchten für den Außenbereich

Neben den zuvor gezeigten fest installierten Gartenleuchten gibt es auch mobile Spots, so genannte Erdspießstrahler (Bild rechts unten), die man an gewünschter Stelle ins Erdreich drückt und mit dem fest verbundenen Kabel an das Stromnetz (Außensteckdose) anschließt.

Mit ortsveränderlichen Gartenleuchten kann man immer wieder aufs Neue experimentieren, die Standorte und die Anzahl der Spots verändern und die Ausleuchtung beispielsweise entsprechend der jahreszeitlich wechselnden Vegetation variieren.

Schutz durch FI-Schalter

Personenschutzadapter schützen die darin eingesteckten Geräte

So werden einzelne Verbraucher mit ihrem eigenen Schutzstecker versehen

Wenn im Freien mit defekten Elektrogeräten gearbeitet wird oder wenn Zuleitungen zu Leuchten defekt sind, kann es sehr schnell zu gefährlichen Stromunfällen kommen. Daher sollten Sie den entsprechenden Stromkreis unbedingt schon im Haus mit einem Fehlerstromschutzschalter sichern. Zusätzliche Sicherheit bieten auch Personenschutzadapter, die man einfach vor dem Stecker des Verbrauchers in die Steckdose steckt (Bild oben). Dauerhaften Schutz bieten Personenschutzstecker (rechts), die man statt des üblichen Schuko-Steckers an die Anschlussleitung eines Verbrauchers montiert.

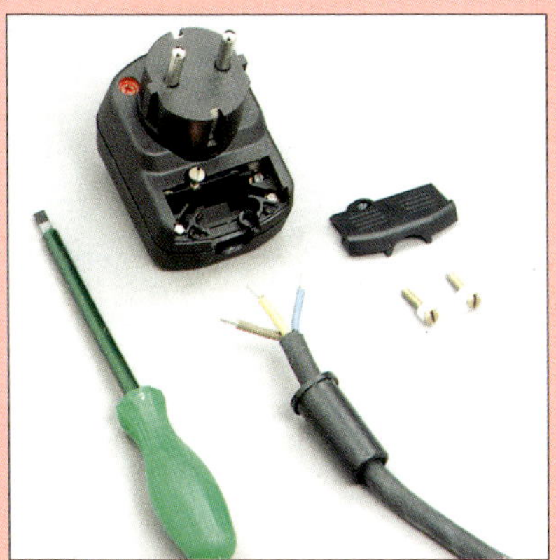

Der Personenschutzstecker wird direkt ans Kabel montiert

TIPP

Wer es scheut, die Leitungen für Gartenleuchten im Erdreich zu verlegen, kann auch auf solarbetriebene Produkte zurückgreifen. Sie besitzen ein kleines Solarpanel, das über Tag einen Akku speist, der dann während der Dunkelheit die Leuchte versorgt.

Erdspießstrahler erlauben den Einsatz an wechselnden Positionen (links). Wie das rechte Beispiel zeigt, haben Halogenlampen mittlerweile auch den Garten erobert. Diese Leuchte wird mit Niedervolttechnik betrieben

Komfort am Gartenteich: Für Wasserspiele und Beleuchtung gibt es heute fernbedienbare Systeme, die steckerfertig gekauft werden können

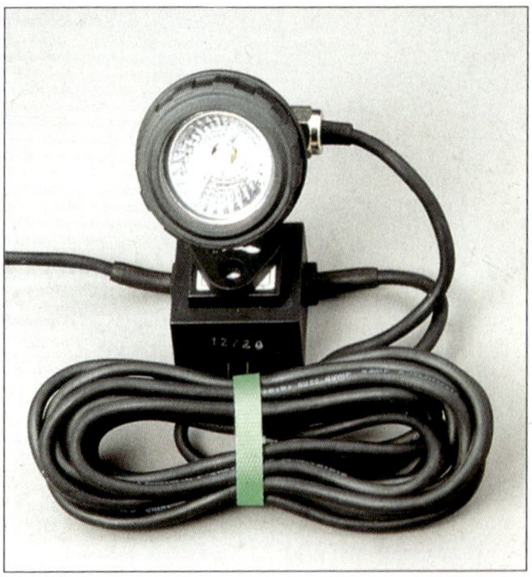

Universal-Teichscheinwerfer, die man wahlweise mit einem Erdspieß oder einem Standfuß ausrüsten kann, lassen sich an Land wie auch unter Wasser einsetzen

Technik am Gartenteich

Springbrunnen und Fontänen machen einen Gartenteich doppelt attraktiv. Gleichzeitig wird durch die Umwälzung der Sauerstoffgehalt erhöht, was den Fischen zugute kommt.

Beleuchtung auf und unter dem Wasser macht den Teich auch im Dunkeln zu einem Anziehungspunkt. Wichtig: Leitungen für Leuchten und Pumpen sind werkseitig wasserdicht hergestellt und dürfen nicht nachträglich verändert werden.

1

2

Hier wird die Schaumfontäne des Wasserspiels im Dunkeln von unten farbig angestrahlt (1). Schwimmende Kugelleuchte und illuminierte Fontäne in der Kombination (2)

Das stimmungsvolle Licht einer schwimmenden Wasserkugel setzt am Teich einen besonderen Akzent. Die Leuchte wird steckerfertig mit wasserdichtem Kabel geliefert (unten)

Fehlersuche und Reparaturen

Wenn an Elektrogeräten oder der Hausinstallation Fehler auftreten, sollten Sie zunächst systematisch durchchecken, woran es liegen könnte. Viele Probleme lassen sich dann auch selbst beheben

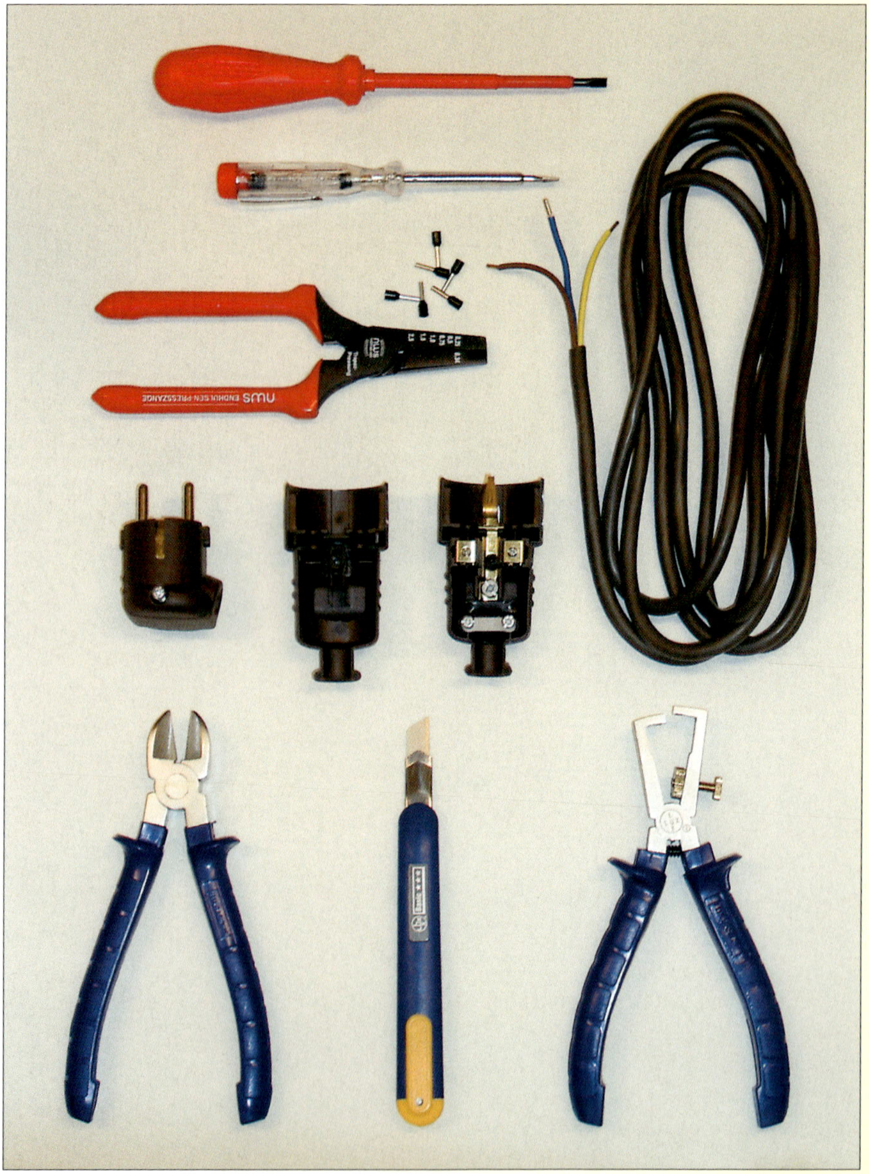

Schalter und Steckdosen tauschen

Sind Schalter oder Steckdosen defekt oder sollen sie bei einer Modernisierung ausgetauscht werden, haben Sie dies mit den Grundkenntnissen, die im Kapitel „Praxis der Elektroinstallation" vermittelt wurden, relativ leicht erledigt.

Bei defekten Schaltern funktioniert meist die Mechanik nach Jahren der häufigen Benutzung nicht mehr richtig. Man wählt dann den richtigen Schaltertyp aus, nimmt nach Ausschalten der Sicherung den alten Schaltereinsatz heraus, löst die Klemmen und steckt sie am neuen Schalter wieder ein.

Alte Steckdosen, bei denen die Adern keinen optimalen Kontakt haben, verursachen mitunter Kurzschlüsse. Ein erhöhter Widerstand am am betreffenden Kontakt lässt manchmal den Steckdoseneinsatz regelrecht verschmoren. Ehe man dann einen neuen Steckdoseneinsatz einbaut, müssen die Adern der Zuleitung geprüft werden. Ist die Isolierung beschädigt, schneidet man den Draht – soweit dies seine Länge zulässt – etwas ab und isoliert ihn wieder ab. Dann erfolgt der Einbau so wie auf Seite 50 gezeigt.

Bügeleisenschnur erneuern

Bei Elektrogeräten des täglichen Gebrauchs sind relativ häufig die flexiblen Anschlusskabel defekt. Typisch ist die Bügeleisenschnur, deren Ummantelung abgenutzt ist, sodass die Adern des Kabels freiliegen. Solche Schäden müssen umgehend repariert werden. Am besten kaufen Sie anschlussfertige Kabel, die man im Bau- und Heimwerkermarkt in verschiede-

Bügeleisenschnur

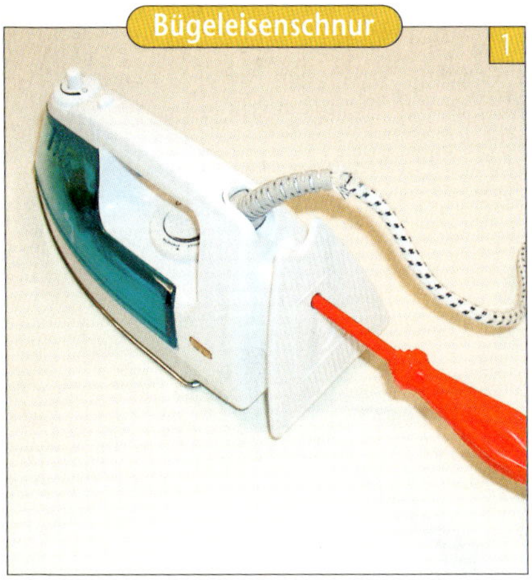

1 Man löst zuerst die Gehäuseabdeckung des Bügeleisens, um an die elektrischen Anschlüsse des Kabels heranzukommen. Den Stecker vorher natürlich aus der Steckdose herausziehen!

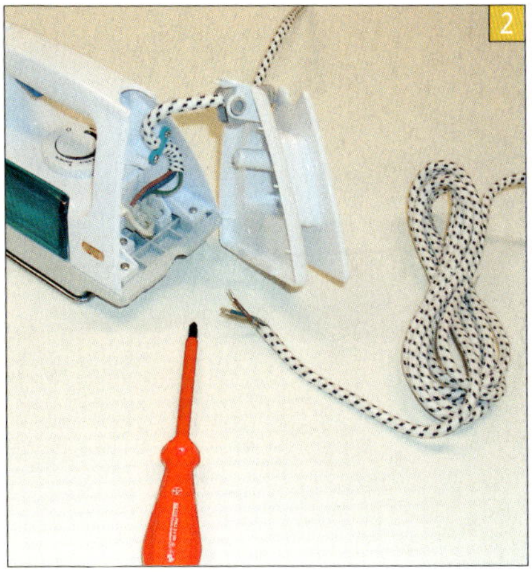

2 Sie lösen das defekte Kabel und befestigen statt dessen das konfektionierte Ersatzkabel an den Anschlussklemmen

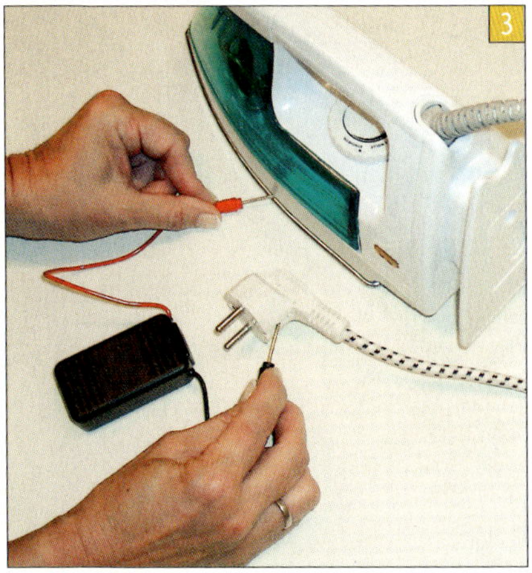

3 Nach dem Austausch des Kabels wird die Erdung der metallenen Teile über den Schutzleiter mit dem Durchgangsmesser überprüft

Stecker tauschen

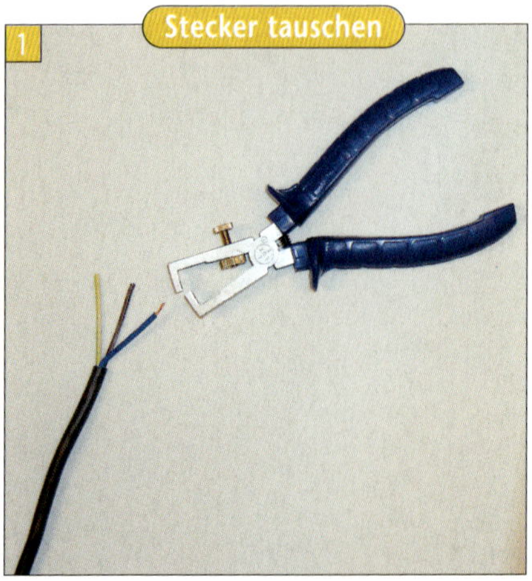

1 An dem entmantelten Kabelende isoliert man die einzelnen Adern etwa 5 mm weit ab

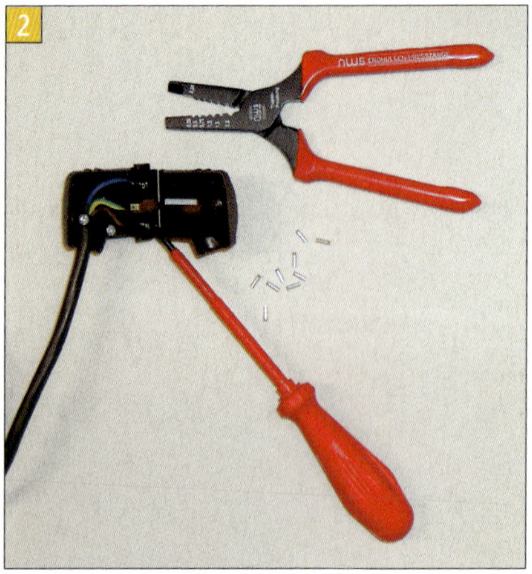

2 Nachdem Aderendhülsen aufgesetzt und verquetscht worden sind, steckt man die Adern in die Kontakte und verschraubt sie

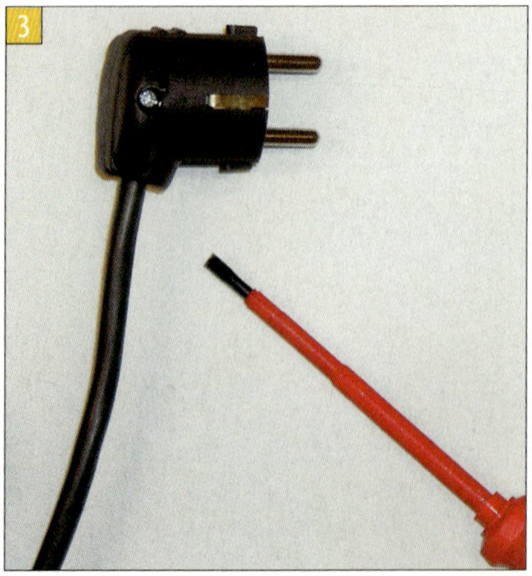

3 Ist auch die Zugentlastung, die das ummantelte Kabelende fixiert, fest verschraubt, kann das Gehäuse des Steckers zusammengesetzt werden

nen Ausführungen und Längen bekommt. Sie haben den Vorteil, dass die Adern für den Neuanschluss schon vorbereitet sind. Speziell für Bügeleisen gibt es konfektionierte textilummantelte Austauschkabel. Achten Sie darauf, dass das Baumwollgeflecht über der Gummiummantelung mit einem Streifen Klebeband gegen Entflechten gesichert wird.

Man öffnet bei gezogenem Stecker das Gehäuse des Bügeleisens, löst die Schelle der Zugentlastung und dann die Anschlussklemmen. Im Zweifelsfall machen Sie sich vorher eine Skizze davon, welche Adern an welche Klemme kommen müssen. Dann können Sie beim Anschluss des neuen Kabels nichts falsch machen. Wichtig: Die Schrauben der Klemmen müssen fest angezogen werden, damit der Strom keinen erhöhten Durchflusswiderstand hat, was zu Kurzschlüssen und Schmorschäden führen kann.

Stecker und Kupplungen ersetzen

Die angesprochenen lockeren Kontakte führen sehr oft auch zu Schäden an Steckern und Kupplungen von Anschluss- oder Verlängerungskabeln. Hat ein lockerer Kontakt bereits die Ummantelungen der Adern oder das Kunststoffgehäuse in Mitleidenschaft gezogen, ersetzt man Stecker oder Kupplung durch ein Neuteil und schneidet das Kabel ein Stück ab. Dann wird der Mantel des Kabels etwa 4 cm weit entfernt (das genaue Maß richtet sich nach der Größe des Steckers bzw. der Kupplung).

Die farbigen Isolierungen der Adern dürfen beim Entfernen des Mantels nicht beschädigt werden. Bevor Sie nun die Aderenden abisolieren, werden sie so abgelängt, dass der grün-gelbe Schutzleiter etwa 5–10 mm länger ist als die beiden anderen Adern. Dies hat den Effekt, dass bei eventuellem Herausreißen des Kabels aus dem Stecker bzw. der Kupplung der Schutzleiter als letzter abgetrennt wird. So bleibt seine Schutzwirkung erhalten, auch wenn die stromführenden Adern sich schon gelöst haben.

Die drei Adern des Kabels isoliert man nun etwa 5 mm weit ab, am besten mithilfe einer Abisolierzange. Die flexiblen Einzeldrähte der Adern dürfen aber keinesfalls verdrillt und dann angeklemmt werden. Auch vorheriges Verzinnen ist nicht erlaubt. Damit ein optimaler elektrischer Kontakt entstehen kann, muss man so genannte Aderendhülsen aufschieben und festquetschen (siehe Kasten unten). Vergessen Sie nicht die Zugentlastung des Kabels fest anzuziehen.

Kupplung tauschen

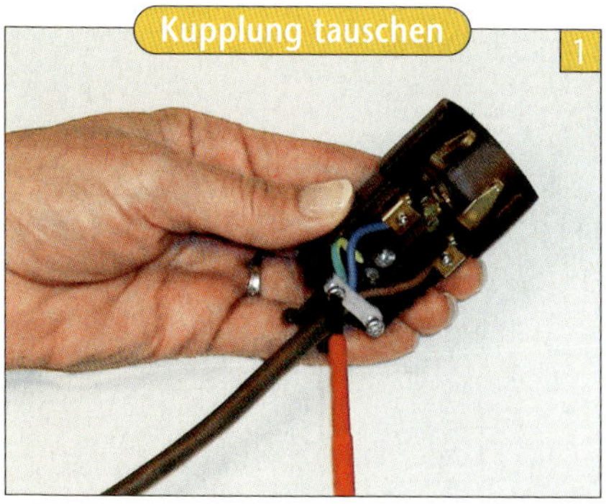

1 Der Austausch der Kupplung gleicht im Wesentlichen dem eines Steckers. Auch hier die Adern anklemmen und die Zugentlastung verschrauben

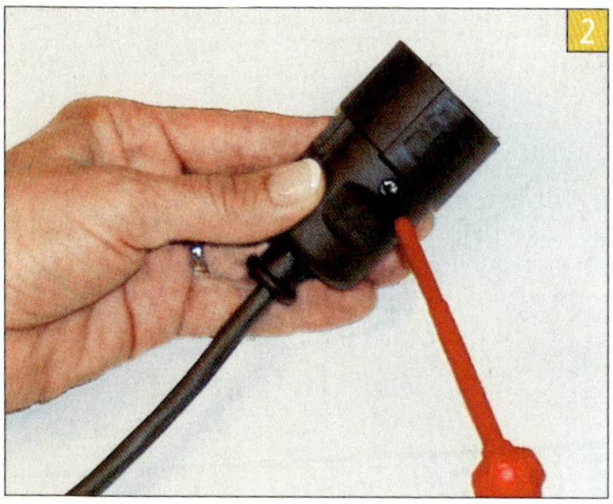

2 Zuletzt setzt man das Gehäuse zusammen und dreht die Gehäuseschraube fest

Aderendhülsen verwenden

Um zu verhindern, dass die feinen Einzeldrähte einer flexiblen Ader beim Anziehen der Klemmschrauben zerquetscht werden, muss zuvor eine Aderendhülse aufgeschoben werden. Es gibt Aderendhülsen passend zu allen gängigen Leitungsquerschnitten. Eine spezielle Quetschzange mit entsprechenden unterschiedlichen Aussparungen sorgt dafür, dass die feine Hülse sich fest mit der Ader verbindet. Die mit Aderendhülsen versehenen flexiblen Leitungen lassen sich optimal in die Kontakte von Steckern und Kupplungen oder Elektrogeräten einführen und dort sicher verschrauben.

Früher hat man die Aderenden mithilfe des Lötkolbens verzinnt, um die feinen Einzeldrähte zu stabilisieren. Dies bietet aber nicht den notwendigen Schutz.

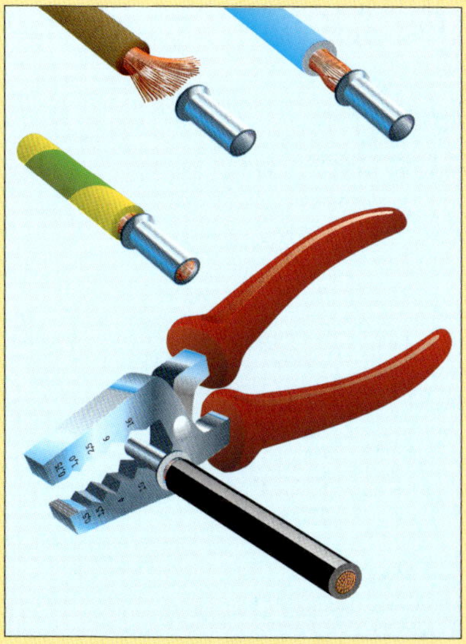

Sie brauchen Aderendhülsen des passenden Durchmessers und die Quetschzange

Fehlersuche mit System

Wenn beispielsweise eine Tisch- oder Stehlampe nicht mehr funktioniert, sollten Sie systematisch auf Fehlersuche gehen. Die Prüfschritte gelten sinngemäß auch für andere Leuchten.

- Die Glühlampe herausschrauben und mithilfe eines Durchgangsprüfers testen oder versuchsweise in eine andere Leuchte schrauben. Stellt sich die Glühlampe als defekt heraus, wird sie getauscht. Wichtig: keine Lampe mit höherer Wattzahl benutzen, als auf der Leuchte als maximale Bestückung angegeben ist. Brandgefahr!

- Ist die Glühlampe in Ordnung, wird überprüft, ob an der Steckdose Spannung anliegt. Falls nicht, die Sicherung überprüfen. Gegebenenfalls die Sicherung wieder einschalten. Falls sie sich direkt wieder ausschaltet, wenn die Leuchte eingesteckt wird, liegt ein Kurzschluss in der Leuchte vor, der behoben werden muss.

- Liegt Spannung an der Steckdose an, prüfen Sie mit einem Durchgangsprüfer, ob die Leitungen von den Kontakten des Netzsteckers bis zu den Kontakten in der Lampenfassung durchgängig sind. Haben die Leiter Durchgang, müssen eventuell die Kontakte hochgebogen werden, damit sie den Lampensockel berühren.

- Haben die Leitungen keinen Durchgang, müssen Stecker, Anschlussleitung, Geräteschalter und Lampenfassung überprüft werden. Die betreffenden Teile eventuell reparieren oder austauschen.

Wenn eine Leuchte ausfällt, ist in den meisten Fällen die Glühlampe kaputt. Liegt ein anderer Defekt vor, finden Sie ihn durch systematische Suche

Störungen an Leuchtstofflampen

Die häufig fälschlicherweise als Neonröhren bezeichneten Leuchtstofflampen zeichnen sich durch hohe Lebensdauer und geringen Stromverbrauch aus. Sie brauchen ein Vorschaltgerät, einen Kompensationskondensator und einen Starter. Diese Teile sind meist im Gehäuse der Leuchte untergebracht.

Ältere Leuchtstoffröhren zeigen oft ein ständiges Flackern nach dem Einschalten. In diesem Fall muss die Röhre getauscht werden.

Glimmt die Röhre nach dem Einschalten nur schwach, ohne richtig aufzuleuchten, ist der Starter defekt und muss ausgetauscht werden.

Ausgemusterte Leuchtstoffröhren dürfen nicht zerschlagen werden und gehören auch nicht in den Hausmüll, da Quecksilberdampf entweichen kann. Sie müssen bei der örtlichen Sondermüll-Sammelstelle abgegeben werden.

Eine abgebrochene Glühlampe aus der Fassung lösen

Wenn man eine defekte Glühlampe tauschen will, geschieht es mitunter, dass bei festsitzenden Schraubsockeln, sich der Glaskolben vom Schraubsockel löst und das Gewinde der Lampe in der Fassung bleibt. In diesem Fall wird die Leuchte durch Herausziehen des Netzsteckers oder durch Ausschalten der Sicherung für den betreffenden Stromkreis spannungsfrei gemacht. Mit einer Zange fasst man dann den Gewindeteil der Lampe und dreht ihn heraus.

Leuchtstoffröhren wechseln

1 Leuchtstoffröhren werden aus der Fassung gelöst, indem man sie erst dreht und dann herauszieht. Bei Einsetzen der neuen Röhre entsprechend umgekehrt verfahren

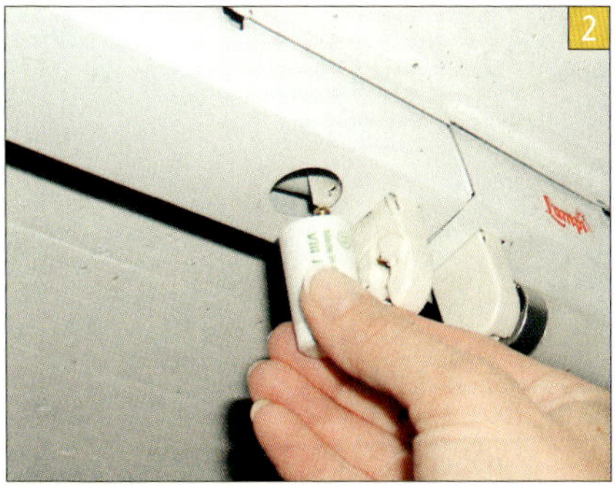

2 Der Starter sitzt mit seinen Kontakten in zwei Langlöchern und wird durch Drehen gegen den Uhrzeigersinn gelöst

Abgebrochene Glühlampe

1 Sitzt der Schraubsockel einer Glühlampe sehr fest, kann es geschehen, dass sich beim Ausdrehen der Glaskolben löst

2 Nachdem die Leuchte spannungsfrei ist, fasst man den Kolben mit einer Zange und dreht ihn vorsichtig heraus

Kontakte nachbiegen

Bei Leuchten, die nicht mehr brennen, stellt man recht häufig fest, dass die Glühlampe in Ordnung ist. Wenn man dann den Spannungsprüfer bei herausgeschraubter Lampe an die Kontakte der Fassung hält, wird Spannung angezeigt. In diesem Fall bekommt der Schraubsockel der Lampe , auch wenn er fest eingedreht ist, keinen richtigen Kontakt mehr. Die Kontakte müssen dann nachgebogen werden. Dazu erst den Netzstecker ziehen bzw. die Sicherung ausschalten und auch den Schalter ausschalten. An die Kontakte kommt man meist erst heran, wenn der Mantel der Lampenfassung abgeschraubt wird. Dazu muss dann oft auch der Lampenschirm abgenommen werden. Liegen die Kontakte frei, biegt man die Zungen hoch, sodass sie wieder mit Spannung gegen Lampensockel bzw. Fußkontakt drücken.

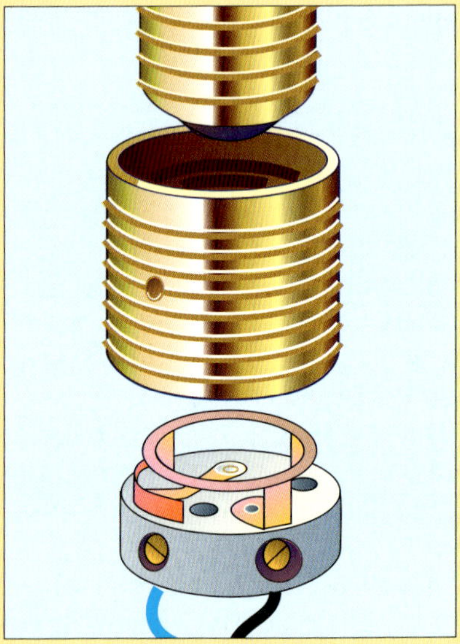

Bei dieser Lampenfassung ist der Kontakt für den Lampensockel ringförmig

Deckenfluter

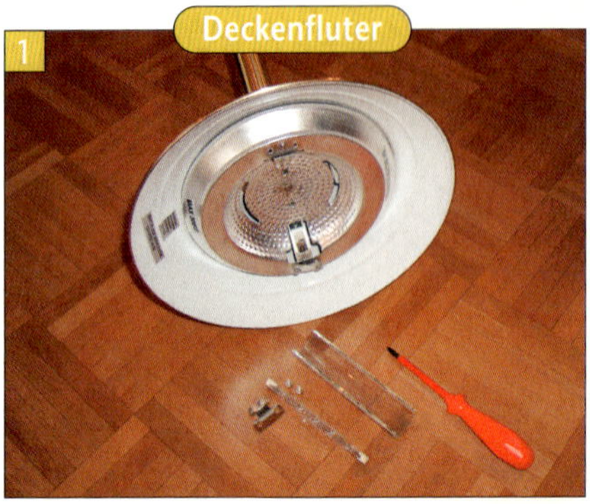

1 **Die Halterungen der Halogenlampe des Deckenfluters werden erst gelöst, nachdem der Netzstecker gezogen wurde**

2 **Die neue Lampe nicht mit bloßen Fingern berühren, da Schweißflecken sich später sichtbar ins Glas einbrennen würden**

Halogenlampen austauschen

Besonders beliebt sind heute Deckenfluter mit Halogenlampen von 300 Watt. Damit lässt sich ein sehr gleichmäßiges Licht erzeugen, weil ein großer Teil der weißen Decke als Reflexionsfläche dient. Obwohl die Halogenlampen sich durch sehr lange Lebensdauer auszeichnen, ist irgendwann doch ein Austausch erforderlich. Warten Sie jedoch immer ab, bis die defekte Lampe sich abgekühlt hat. Verbrennungsgefahr!

Ziehen Sie dann den Netzstecker heraus oder schalten Sie bei fest angeschlossenen Leuchten die Sicherung aus. Die stabförmigen Halogenlampen sind durch Blechschellen und Glashalterungen fixiert. Man schraubt die Halterungen auf, klemmt die neue Lampe ein (mit einem Tuch fassen) und schraubt die Halterungen wieder fest.

Fehlersuche bei elektrischen Kleingeräten des Haushalts

Obwohl Kleingeräte wie Bügeleisen, Toaster, Mixer oder Haartrockner immer preiswerter werden, ist es dennoch eine Schande, wenn solche Geräte wegen eines geringfügigen Fehlers auf den Müll geworfen werden. Die Reparatur durch den Elektrofachmann lohnt sich in den seltensten Fällen, da die Stundenlöhne einfach zu hoch sind. Also ist es durchaus lohnenswert, selbst auf Fehlersuche zu gehen.

Versuchen Sie allerdings niemals ein Gerät mit provisorischen Mittel wieder betriebsbereit zu machen. Mit Isolierband geflickte Kabel, notdürftig geklebte Gehäuse etc., stellen Gefahrenquellen dar. Ziel muss es sein, das Gerät durch eine fachgerechte Reparatur wieder in den neuwertigen Zustand zu versetzen.

- Am Anfang der Fehlersuche steht die Funktionskontrolle. Sind alle Funktionen ausgefallen oder nur Teile? Dies lässt bereits Schlüsse auf die Fehlerquelle zu.

- Bei der Sichtkontrolle werden Anschlussleitungen überprüft und das Gehäuse auf auffällige Schmauch- oder Schmorspuren untersucht, die auf einen Kurzschluss hinweisen könnten.

- Im nächsten Schritt wird der Netzstecker gezogen und das Gehäuse des Geräts geöffnet, um die Kontakte des elektrischen Anschlusses zu prüfen.

- Sind die Kontakte in Ordnung, geht es an die Durchgangsprüfung. Bei eingeschaltetem Gerät muss zwischen den beiden Stiften des Netzsteckers ein Durchgang zu messen sein. Gibt der Durchgangsprüfer kein Signal, müssen Sie Schritt für Schritt weiter nach der Fehlerquelle suchen. Es kann ein Kabelschaden vorliegen, eine Gerätesicherung durchgebrannt sein, der Geräteschalter defekt sein usw.

In vielen Fällen stellt sich heraus, dass lockere Kontakte, Geräteschalter oder Kabel der Grund für den Ausfall sind. Dann ist eine Reparatur schnell vollzogen.

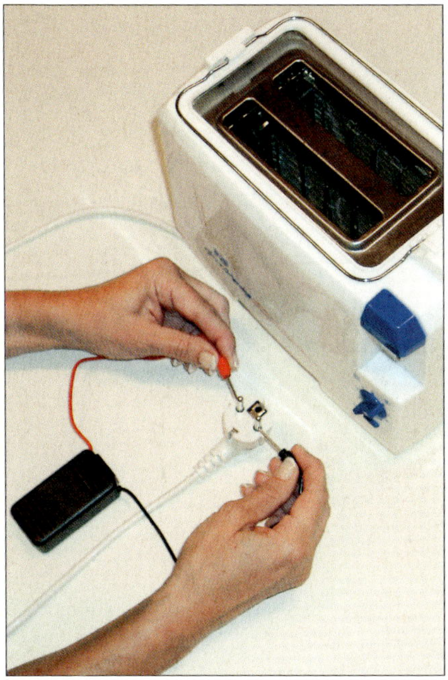

Der Durchgangsprüfer ist für die Fehlersuche sehr wichtig. Er zeigt beispielsweise an, ob die Kabel bei eingeschaltetem Gerät durchgängig sind

ISBN 3-936782-02-4

Umschlaggestaltung: Wolfgang Rattay, Köln

Fotos:
Arbeitsgemeinschaft Holz S. 43 (3); Bosch S. 13 (2), S. 17 (1); S. 40, S. 44 (1);
Fischer Dübel S. 41 (2); Heinrich Kopp AG S. 9, S. 14 (1), S. 15 (2), S. 16, S. 17, S. 19, S. 20-23, S. 26 (1), S. 39, S. 41 (1), S. 44 (2), S. 48 (3), S. 49 (1), S. 52;
Ikea S. 70 (2); Lampi/Korte AG S. 66-67; LUX Werkzeuge S. 24, S. 48 (1); Oase S. 85;
OBI S. 78-82; Osram S. 60, S. 62-64, S. 75, S. 90; Paulmann S. 71 (1), S. 72, S. 74 (1);
Siedle S. 37 (1), S. 59 (1); Steinel S. 76, S. 77 (2); Weber Haus S. 36, S. 42 (2)
Zeichnungen: Malcolm Powell, Köln; Jens Bosse, Köln

Layout: Wolfgang Rattay, Köln

Gesamtherstellung: eccomedia Verlag GmbH, Brühl

Druck: Appl Druck GmbH & Co. KG, Wemding

Gedruckt auf chlorfrei gebleichtem Papier

Die Schreibweise entspricht den Regeln der neuen Rechtschreibung